영화, 방송, 드라마, 웹소설 작가를 위한 생존전략서

생성형 인공지능으로 영화만들기

저자: 윤권수, 권한슬, 변문경, 스토리피아 랩

제1회 두바이 국제 AI 영화제
전세계 500개의 작품과 겨뤄
세 계 최 초
대 상 / 관 객 상
2 관 왕 달 성

스토리피아

영화, 방송, 드라마, 웹소설 작가를 위한 생존전략서
생성형 인공지능으로 영화 만들기

| **초판 1쇄 인쇄** | 2024년 8월 7일

| **초판 1쇄 발행** | 2024년 8월 16일

| **저자** | 윤권수, 권한슬, 변문경, 스토리피아 랩

| **기획** | 변문경

| **책임편집** | 김 현, 변문경

| **디자인** | 오지윤

| **인 쇄** | 영신사

| **종 이** | 세종페이퍼

| **홍 보** | 박정연

| **제작/IP 투자** | ㈜메타유니버스 스토리피아 랩

| **유 통** | 다빈치books

| **출판등록일** | 2021년 12월 4일

| **주 소** | 서울특별시 마포구 월드컵북로 375, 다빈치books
　　　　　서울특별시 서초구 강남대로 359, ㈜메타유니버스

| **팩 스** | 0504-393-5042

| **전 화** | 070-4458-2889

| **출판 콘텐츠 및 강연 관련 문의** | master@storypia.com

영화, 방송, 드라마, 웹소설 작가를 위한 생존전략서

생성형 인공지능으로 영화 만들기

저자: 윤권수, 권한슬, 변문경, 스토리피아 랩

목차

PART 1. MBC 〈PD가 사라졌다!〉 촬영감독 출신 프로듀서가 경험해 본 생성형 인공지능 영상 제작 _MBC 윤권수 프로듀서

PART 2. 생성형 인공지능으로 인공지능 영화제에서 대상을 받다   _스튜디오프리윌루전 권한슬 대표

바야흐로 생성형 AI의 시대입니다. 생성형 인공지능 기술은 사람만이 할 수 있었던 모든 업무 분야에 침투해서 통용되던 방식을 바꾸고 있습니다. 창의적인 영역은 제일 마지막에 인공지능이 대체하게 될 거라고 단언해 왔지만, 최근 생성형 인공지능 기술은 가장 창의적인 영역으로 불리는 콘텐츠 산업으로 이미 침투해 있습니다.

최근 이슈가 되는 AI 영화제를 보면, 노동집약적 방송 촬영의 영역까지 AI가 대체할 수 있다는 가능성을 보여주고 있습니다. 인공지능이 기획 개발한 대본에 가상 아이돌의 인기가 인간 아이돌 인기 못지않습니다. 곧 이들이 주연으로 출연하는 생성형 인공지능 영화나 드라마가 방송될 것 같습니다. 생성형 인공지능이 아직 콘텐츠를 기획하고 전반을 대신할 수는 없습니다. 하지만 콘텐츠를 기획하고 프리비즈 하는 속도를 혁신적으로 줄이고, 추가 촬영을 줄일 수 있다는 사실에 많은 콘텐츠 제작사들이 관심을 가지고 있습니다.

이러한 관심에 힘입어, 본 책에는 최초의 생성형 인공지능 영화 만들기라는 주제의 콘텐츠를 담았습니다.

책 1장에서는 생성형 인공지능이 PD의 역할을 대신한 MBC 예능 프로그램 <PD가 사라졌다!>의 윤권수 프로듀서가 촬영감독 출신 프로듀서 입장에서 바라본 생성형 인공지능 시대의 진단, 생성형 인공지능 활용 노하우에 대해서 다룹니다.

2장에서는 2024 두바이 국제 AI 영화제에서 대상, 관객상까지 2관왕에 오른 <원 모어 펌킨>의 권한슬 대표 겸 감독의 생성형 인공지능 영화 제작기와 추천하는 영상 제작 툴에 대해서 듣습니다. 향후 생성형 인공지능을 활용한 영상 시장이 어떻게 전개될지에 대한 속 시원한 전망도 들을 수 있습니다.

3장에서는 스토리피아를 기획한 변문경 크리에이터가 드라마나 영화 대본에서 웹소설을 생성해 출판하는 생성형 인공지능 활용법을 설명합니다. 드라마와 영화 제작 투자가 위축된 현재 시점에서 작가로 살아남을 수 있는 방법은 우수한 IP를 개발하는 것과 원천 스토리로 출판하는 것입니다. 원천 스토리 출판은 결과적으로 드라마나 영화 제작 투자의 가능성을 높이는 힘이 될 것입니다. 튜토리얼 작업은 2023년부터 현재까지 스토리피아 랩에서 작업한 내용을 추가했습니다.

뒤이어 4장에서는 생성형 인공지능을 플랫폼이 아닌 온디바이스로 활용하는 방법에 대해서 살펴봅니다. 스토리피아 랩원들이 온디바이스로 인공지능을 활용할 수 있는 프로그램의 다운로드 방법과 설치 방법 활용 노하우를 공개합니다. 독자 여러분의 생성형 인공지능 활용 콘텐츠 기획과 제작에 도움이 되면 좋겠습니다. 감사합니다.

저자 일동

PART 1.

MBC <PD가 사라졌다!>
촬영감독 출신 프로듀서가 경험해 본
생성형 인공지능 영상 제작

MBC 윤권수 프로듀서

생성형 AI의 시대

생성형 AI의 시대가 왔다. 생성형 인공지능 기술은 사람만이 할 수 있었던 업무 분야에서 기술이 해야 할 일의 영역을 확장 중이다. 본래 콘텐츠 기획이나 영상 제작은 창의적인 영역 중 하나로 인공지능이 대체하기 어려운 일이라 여겨져 왔다. 하지만 최근 생성형 인공지능 기술은 콘텐츠 산업에 침투하여 촬영 없이 인공지능으로 영화를 만들거나, 디자이너 없이 콘셉트 아트를 순식간에 생성하는 등 그 활용 분야를 넓혀가고 있다.

전통적으로 방송 프로그램 제작은 많은 인력과 시간이 요구되는 노동집약적인 산업이다. 따라서, 인공지능 기술을 방송 프로그램 제작에 적용한다는 것은 다소 어려운 것이 사실이다.

[그림 1-1] 카메라 뒤편 수많은 스태프들의 모습

방송 프로그램 제작을 위해서는 프리프로덕션Pre-production, 프로덕션Production, 포스트프로덕션Post-production으로 구성되는 단계를 거친다. 이 과정에 수많은 사람들의 노동이 필요하다. 작가, 프로듀서, 연출, 촬영감독, 미술감독, 편집감독, VFX 슈퍼바이저 등 여러 분야의 인력들이 하나의 장면을 만들어내기 위해 엄청난 정신적, 육체적 노동을 투입하는 구조이다. 이뿐만 아니라 모델, 배우와 같은 출연자를 위해 투입되는 노동력도 상당하다. 매니저, 분장, 헤어, 의상 등 출연자 한 명에게 매달리는 인원도 생각보다 많다. 이처럼 방송 프로그램 제작에는 어느 하나 사람의 손이 닿지 않는 분야가 거의 없다. 방송 제작과 관련된 새로운 제작 기술이 탄생하고 발전해도 쉽게 방송 프로그램 제작에 도입되지 못하는 이유가 여기에 있다.

새로운 제작 기술이 방송 프로그램 제작에 도입되기 어려운 이유가 또 있다. 바로 제작의 핵심이 되는 작가, 감독, 프로듀서의 주관적인 경험과 판단이 방송 프로그램의 성공과 실패에 가장 큰 영향을 미친다는 점이다. 그렇기 때문에 자연스럽게 방송 프로그램 제작은 이들 핵심 인력들에 대한 의존도가 높아질 수밖에 없다. 작가와 감독, 프로듀서 같은 핵심 인력이 새로운 제작 기술을 받아들이지 않는다면, 아무리 좋은 기술이라 하더라도 방송 프로그램 제작에 활용될 수 없는 구조인 것이다.

그러나 생성형 AI의 시대에는 이 구조가 파괴되고 있다. 생성형 AI는 방송 프로그램 제작의 모든 과정에 깊숙이 관여할 수 있는 새로운 기술이기 때문이다. 게다가 생성형 AI는 사람보다 더욱 효율적이고 정교한 의사 결정을 할 수 있다. 2023년 할리우드를 뜨겁게 달구었던 파업 이슈는 인공지능이 인간의 일자리를 대체할 것이라는 두려움에서 시작된 것이었다. 영화 산업 역시 방송 산업만큼 노동집약적인 산업이고 작가, 감독, 배우와 같은 핵심 인력들에 대한 의존도가 매우 높은 산업이기 때문이다. 역설적으로 보면 이런 핵심 인력들이 파업까지 했다는 것은 생성형 AI가 얼마나 뛰어난지 보여주는 사례가 되기도 한다.

국내 방송 산업과 생성형 AI

국내 방송 산업에서도 생성형 AI를 도입하여 방송 프로그램을 제작하려는 움직임이 있다. 하지만 여전히 적극적인 도입이라기보다는 프로그램 제작 과정에 일부 생성형 AI를 활용하는 수준이다. 그중 2024년 초 MBC에서 방송한 <PD가 사라졌다!>는 생성형 AI를 매우 적극적으로 이용한 사례로 꼽힌다. 생성형 AI를 방송 프로그램 제작의 보조적 기능으로 사용하지 않고, 생성형 AI가 직접 연출을 하는 파격적인 방법을 선택한 것이다. MBC가 제작한 <PD가 사라졌다!>는 생성형 AI를 '엠파고'라는 가상인간 PD로 등장시킨다. '엠파고'가 인간 출연자들과 소통하며 미션을 제시하고, 그것을 수행하는 인간의 수행 결과물에 대한 판단을 통해 인간 출연자의 출연료를 결정하는 방식으로 구성된 프로그램이다.

[그림 1-2] MBC 〈PD가 사라졌다!〉 현장 스틸 사진

(출처: MBC)

이 프로그램의 특징은 생성형 AI가 방송 프로그램 제작의 어느 한 부분만 담당하는 것이 아니라, 전체 방송의 큰 흐름을 결정하는 핵심 의사 결정까지 하는 포맷으로 기획되었다는 것이다. 기존에 연출을 담당한 PD의 역할을 그대로 생성형 AI가 수행했다고 생각하면 간단하다. MBC <PD가 사라졌다!>는 방영 당시 시청자들로부터 큰 반향을 불러일으키지는 못했다. 시청률도 매우 저조한 편이었다. 하지만 방송 이후 상황이 달라졌다. 오픈AI SORA가 발표되면서 생성형 인공지능에 대한 관심이 높아지고, 생성형 인공지능으로만 제작한 영화 <원 모어 펌킨>이 2024 두바이 국제 AI 영화제에서 대상, 관객상을 수상하는 등 국내외에서 생성형 인공지능에 대한 관심이 높아졌기 때문이다. 그 후 많은 방송 프로그램 제작진들이 생성형 인공지능을 방송 콘텐츠로 활용하는 방법에 대해 문의를 해왔다. 이런 높은 관심으로 <PD가 사라졌다!>는 한국PD연합회에서 주최하는 제288회 이달의 PD상을 받게 되었고, 국내 방송 프로그램 중 최초로 생성형 AI를 활용한 프로그램으로 여전히 회자되고 있다.

[그림 1-3] 수많은 언론의 관심을 받은 〈PD가 사라졌다!〉

<PD가 사라졌다!>는 방송 이전보다 방송 이후 수많은 방송사에서 벤치마킹을 한다며 프로그램을 시청하게 된 케이스이다. 사람들에게 해당 프로그램의 기

획부터 제작, 편성까지 전 단계에 대해 듣고 싶다는 요청을 받을 정도로 여전히 큰 관심을 받고 있다. 기회는 준비된 사람에게 온다고 하는 말처럼, 필자가 직접 기획하고 한국전파진흥협회(RAPA)를 통해 과학기술정보통신부의 방송통신발전기금을 지원받아 제작한 <PD가 사라졌다!>는 생성형 AI를 활용한 방송 프로그램 기획과 제작의 모티프이자 하나의 시발점이 되었다. 이러한 움직임은 더욱 가속화될 것으로 예상되며, 2024년 말부터는 생성형 AI를 활용한 방송 프로그램이 상당수 나타날 것으로 예상된다. 필자가 <PD가 사라졌다!>를 기획할 당시에는 기획, 편성, 인공지능 개발과 활용이라는 모든 영역에서 레퍼런스가 없어서 밤잠을 설칠 정도로 고민을 많이 해야 했다. 하지만 지금은 많은 동료 방송 제작진들이 <PD가 사라졌다!>를 레퍼런스로 삼아 다른 프로그램을 제작하고 있다. 이런 점에서 <PD가 사라졌다!>는 프로그램의 흥행 실패와는 상관없이 필자에게 주는 의미가 개인적으로 매우 큰 작품이다.

[그림 1-4] MBC 예능 〈PD가 사라졌다!〉 참가자 모집 공고

〈PD가 사라졌다!〉가 탄생하기까지

2023년까지만 해도 우리는 신기술에 대한 패러다임을 인공지능보다는 메타버스에 더욱 집중하고 있었다. 코로나19라는 가장 강력했던 블랙 스완이 우리의 삶을 수년째 전부 바꾸어놓았고, 그 시기를 어렵게 버틸 수 있었던 신기술이 메타버스였기 때문이다. 하지만 필자는 2022년 말 ChatGPT의 베타 버전이 공개되었을 때 큰 충격을 받았다. 새로운 세상이 시작될 것이라는 예감이 머리끝부터 발끝까지 스쳐 지나갔기 때문이다.

이러한 예감은 2016년 1월 한국에서 NETFLIX가 서비스를 시작했을 때와 같은 느낌이었다. 당시에도 필자는 NETFLIX의 오리지널 콘텐츠를 시청한 후 지상파 방송 프로그램의 경쟁력이 한없이 밀릴 것이라 예상했다. 그뿐 아니라 지상파 방송사도 NETFLIX의 오리지널 콘텐츠 제작 방식을 하루 빨리 벤치마킹하여 국내 방송 프로그램의 품질을 높여야 한다고 주장하기도 했다. 이를 위해 NETFLIX 오리지널 콘텐츠 제작 방식을 연구하고 수없이 많은 제작 기술 개선 방안 보고서를 올렸지만, 지상파 방송사의 프로그램 제작 방식을 바꾸기에는 역부족이었다. 그 이유는 NETFLIX에 한국 사람들이 좋아할 만한 콘텐츠가 많이 부족하고, 지상파 방송 프로그램에는 한국 사람들이 좋아하는 콘텐츠가 여전히 많으니 아직 지상파 방송사는 경쟁력이 있다는 방송사 구성원들의 착각 때문이었다.

실제로 NETLFIX가 국내에서 서비스를 시작한 초기에는 한국 콘텐츠가 매우 부족했던 것이 사실이다. 그러나 불과 채 5년의 시간도 지나지 않아 NETFLIX는 대한민국의 방송 산업을 장악했다. 오리지널이라 부르는 초고화질 콘텐츠의 힘과 K-콘텐츠가 만나 전 세계를 제패하는 강력한 슈퍼 IP를 탄생시킨 것이다. 그리고 지금 우리는 NETFLIX가 방송, 영화로 대표되는 대한민국의 미디어 산업을 주도하고 있는 것을 목격하고 있다. 글로벌 OTT라는 블랙 스완이 게임체인저가 된 상황에 살고 있는 것이다.

[그림 1-5] K-콘텐츠의 세계화를 이끈 NETFLIX 오리지널 콘텐츠

게임체인저라는 말은 시장의 흐름을 통째로 바꾸거나 판도를 뒤집어 놓을 만한 결정적 역할을 한 사람이나 사건, 제품, 서비스 등을 가리키는 용어이다. 앞서 언급한 NETFLIX가 게임체인저가 된 것처럼, 필자는 인공지능이 분명 어느 것보다도 강력한 게임체인저가 될 것이라 확신했다. 그래서 누구보다도 가장 먼저 인공지능을 활용한 방송 프로그램을 기획해야 한다는 의지가 매우 강했다. 그때까지만 해도 인공지능 기술을 활용한 프로그램 제작은 기존 작업 공정에 보조적인 기능을 더해 편의성을 높여주는 수준의 적용이 전부였다. 하지만 게임체인저

가 되기 위해서는 더욱 강력한 것이 필요했다. 다른 사람들이 생각하는 것과는 다른 시각이 필요했으며, 누구도 시도해 보지 않은 도전이 필요했다. ChatGPT는 기존의 인공지능과는 다른 생성형 인공지능이라는 점에 착안해서, 인공지능이 직접 스스로 생각하고 연출하는 프로그램을 만들어보면 어떨까 하는 생각에 이르렀다. 우리가 즐겁게 시청하는 예능 프로그램의 형식은 유지하되, 그 주체가 되는 PD를 인공지능으로 바꾸어 인간 출연자와의 인터랙션을 관찰해 보자는 생각을 한 것이다. 생성형 인공지능 기술을 적용한 방송 프로그램 <PD가 사라졌다!>는 그렇게 탄생했다.

〈PD가 사라졌다!〉 기획과 인공지능

인공지능에 의해 촉발된 미디어 산업 생태계의 변화는 스토리텔링, 편집, 음악, 이미지, 영상 등 다양한 분야에 걸쳐 일어나고 있다. 이러한 인공지능 기술의 적용은 몇몇 미디어 콘텐츠 제작에 시도되고 있지만, 트렌드에 민감한 예능 프로그램 제작에는 아직까지 성공적으로 적용된 사례가 없었다. 이에 <PD가 사라졌다!>는 인공지능이 직접 주체가 되어 프로그램을 연출하는 과정을 보여줌으로써 인공지능이 단순히 제작 과정에 도움을 주는 보조적 기능만 하는 것이 아니라, 이를 뛰어넘어 주인공이 될 수 있음을 보여주고자 했다. 세계 최초로 인공지능 PD가 연출하는 예능 프로그램의 효시를 만드는 것이 목적이었다.

[그림 1-6] 세계 최초 인공지능 PD 연출 프로그램 보도

<PD가 사라졌다!>는 인공지능이 사람을 대신하여 PD 역할을 함과 동시에 출연자들과 소통했던 피드백 데이터의 학습을 통해 매회 프로그램이 거듭될수록 진화하고 완성되어 가는 과정을 보여주는 미래형 예능 프로그램이다.

[그림 1-7] MBC 〈PD가 사라졌다!〉 키 비주얼

(출처: MBC 디자인센터)

또한, 인공지능 PD '엠파고'의 성장 과정에 따라 누구도 예측할 수 없는 결과

를 만들어내는 신개념 예능 프로그램인 것이다. 생성형 인공지능 ChatGPT를 기

반으로 만들어진 인공지능 PD '엠파고'는 대중들에게 인기 있는 예능 프로그램의 미션들을 학습하여 인간 출연자들에게 다양한 미션을 제안하고, 이를 수행하는 인간 출연자들의 반응을 다시 학습한다. 이를 위해 인공지능 PD '엠파고'는 인간 출연자들이 미션을 수행하는 모습을 촬영하고 음성 인식, 객체 인식, 멀티모달 등의 기술을 이용하여 실시간으로 스스로 편집하여 그 결과물을 인간 출연자들에게 보여준다. 그리고 인공지능 편집본을 통해 인간 출연자들의 노출 시간에 따른 방송 분량과 그에 따른 출연료를 산정하여 지급하는 설정이 시청자들에게 재미 요소를 추가한다. 인간 출연자들이 인공지능 PD '엠파고'의 편집 기준과 알고리즘을 파악하기 위해 노력하고, 그 과정에서 기존 예능에서 볼 수 없었던 좌충우돌 인공지능 PD 연출 예능 프로그램의 적응기가 펼쳐지는 것이다.

또한, <PD가 사라졌다!>는 시대별로 히트한 예능 프로그램의 다양한 미션을 분석하여 시청자들에게 재미를 선사할 수 있는 가능성이 높은 미션들을 제안하는 방식으로 인공지능 PD '엠파고'를 학습시켰다. 이는 방송 내적인 재미 외에도 과연 인공지능 PD '엠파고'가 이해한 '재미'가 실제 인간에게도 적용되는지를 확인해 보는 '재미'도 더해졌다. 앞으로 <PD가 사라졌다!>의 차기 시즌을 제작하게 된다면, 점차 진화하는 인공지능 PD '엠파고'를 볼 수 있을 것이다. 인공지능 PD '엠파고'는 꼭 예능 PD라고 단정 지을 필요가 없다. '엠파고'는 스스로의 생각에 따라 다음에는 드라마를 제작할 수도 있다. 그리고 그다음에는 시사 프로그램을 제작할 수도 있다. 진짜 인간 신입사원 PD가 방송국에 입사하여 성장하는 것처럼, 인공지능 PD '엠파고'도 스스로의 능력에 따라 진화하여 성장할 것이다. 이렇게 방송 프로그램 제작의 새로운 패러다임을 만드는 것이 인공지능 PD '엠파고'와 이것을 기획한 필자의 의도이다.

인공지능 PD 엠파고는 누구인가?

<PD가 사라졌다!>는 인공지능 PD '엠파고'의 첫 탄생부터 시작한다. 인공지능 PD '엠파고'는 처음엔 채팅창으로만 존재한다. 조연출들이 인공지능 PD '엠파고'에게 어떤 프로그램을 연출하고 싶은지 물어보게 되는데, 이것이 <PD가 사라졌다!>의 시작이다. 인공지능 PD '엠파고'는 조연출과 채팅창으로 대화하며 자신의 연출 방향과 의도, 만들고자 하는 프로그램의 내용을 소통한다. 인공지능 PD '엠파고'와 조연출의 대화를 첫 만남부터 유튜브 채널을 통해 대중에게 브이로그 형식으로 공개하였으며, 이것이 시청자들의 호기심을 자극하였다.

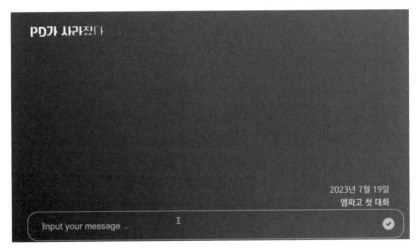

[그림 1-8] 인공지능 PD '엠파고'의 첫 탄생

인공지능 PD '엠파고'와 조연출들의 다양한 대화 브이로그는 인공지능 PD '엠파고'의 첫 연출 입봉작을 만들기 위한 기획 과정을 보여준다. 조연출들은 인공지능 PD '엠파고'의 다양한 기획 의도를 가지고 소통하며 회의하고 피드백을 주고받으며 '엠파고'가 원하는 방향을 파악한다. 그리고 프로그램 구성과 관련된 미션, 캐스팅, 디자인 등에 대한 정보를 주고받는다. <PD가 사라졌다!>는 인공지능 PD '엠파고'가 메인 연출을 맡고 있다는 점 외에는 기존 예능 프로그램 제작 방식과 크게 다르지 않았다.

[그림 1-9] 인공지능 PD '엠파고'와 조연출 간 대화

[그림 1-10] 인공지능 PD '엠파고' 브이로그

이 과정에서 인공지능 PD '엠파고'는 출연자 공개 모집을 제안하고 프로그램 소개, 참가자 모집 요건, 지원 방법 등의 내용을 직접 제작한다. 인공지능 PD '엠파고'는 참가자 모집 요건에 힘과 체력의 대표자, 전략적인 지도자, 다재다능한 서바이벌 전문가, 예민한 감각과 관찰력을 가진 탐색가, 팀을 활기차게 이끄는 밝은 에너지 충전소, 극한 상황에서도 차분하게 대처하는 전문가, 의지와 심리 강화를 위한 전문가 등 구체적이고 다양한 요건을 제시했다. 이렇게 참가자 모집 공고를 내고 접수를 받았으며, 인공지능 PD '엠파고'는 신청자들을 상대로 사전 인터뷰도 진행했다. '엠파고는' 이를 바탕으로 인간 출연자의 출연을 결정했다.

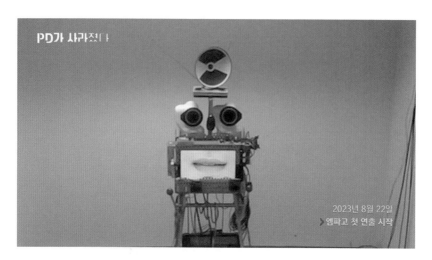

[그림 1-11] 인공지능 PD '엠파고'의 첫 연출 시작, 사전 인터뷰

이렇게 본방송 전에 유튜브를 통해 미리 공개된 브이로그는 인공지능 PD '엠파고'와의 첫 대화부터 촬영 준비 완료까지의 과정을 보여준다. 인공지능 PD '엠파고'가 진화하며 하나의 예능 프로그램을 완성해 가는 과정을 보여줌으로써 <PD가 사라졌다!>의 기본 스토리텔링이 완성되었다.

〈PD가 사라졌다!〉와 메타버스

　코로나19 시기를 겪으며 우리 삶에 깊숙이 들어왔던 신기술로 메타버스를 들지 않을 수 없다. 하지만 코로나19가 종식된 후 메타버스 기술은 지나간 기술인 것처럼 많은 사람들에게 외면받고 있다. 하지만 필자는 〈PD가 사라졌다!〉를 기획하면서 인공지능을 활용할 때에는 메타버스 개념이 반드시 필요하다고 생각했다. 인공지능 PD '엠파고'를 가상인간으로 만들어 인간 출연자와 상호 교감을 하게 만드는 것이 목적인데, 가상인간인 인공지능 PD '엠파고'가 실제 물리적인 공간에 등장할 수 없었기 때문이다. 반대로, 가상공간에 인간 출연자가 등장하는 것도 어려운 일이었다. 그렇게 수많은 고민을 한 끝에 생각한 것이 메타버스 공간을 직접 구현해 보자는 아이디어였다. 영화 〈큐브〉에서 모티프를 얻어 인공지능 PD '엠파고'만의 공간을 구현하고 그곳에 인간 출연자를 초대하기로 했다. 인공지능 PD '엠파고'와 인간 출연자가 만나는 공간은 가상공간이어야 했으므로, 인간이 물리적으로 들어갈 수 있는 거대한 메타버스 콘셉트의 가상공간을 세트로 만들어냈다.

[그림 1-12] 인공지능 PD '엠파고'와 인간 출연자의 만남의 공간

　고화질 LED를 활용한 정육면체 디자인의 큐브 세트는 인공지능 PD '엠파고'와 인간 출연자가 물리적으로 상호작용을 할 수 있는 최적의 세트 공간이다. 이러한 세트 디자인은 인공지능 PD '엠파고'가 인간 출연자에게 다양한 미션을 제시함에 따라 시시각각 그에 맞는 비주얼을 구현할 수 있는 가상공간이 되고, 인간 출연자들은 이러한 비주얼의 변화를 통해 인공지능 PD '엠파고'의 공간을 인지할 수 있게 된다. 이는 인간이 실제로 인공지능 PD '엠파고'의 메타버스 공간으로 들어간 듯한 효과를 불러왔다. 다만 아쉬웠던 부분은 인공지능 기술의 한계로 고화질 LED 큐브 세트에 재생되는 다양한 영상을 인공지능 PD '엠파고'와 연동시키지 못했던 점이다. '엠파고'의 반응과 정확히 연동되어 비주얼이 변화되었다면, 진정한 인공지능 PD '엠파고'의 세계로 인식해도 될 만큼 실감 나는 촬영을 할 수 있었을 것이다. 앞으로 차기 시즌을 제작하게 된다면 개선해야 할 부분이다.

〈PD가 사라졌다!〉 프로그램 세계관과 포맷

'엠파고'는 컴퓨터 속에 존재하고 있는 인공지능이다. 인공지능 PD '엠파고'와 만날 수 있는 유일한 공간은 ChatGPT와 같은 생성형 인공지능 툴이 전부다. 인공지능 PD '엠파고'는 서버에 살고 있고, 인간은 오로지 생성형 인공지능 채팅창을 통해서만 '엠파고'와 소통할 수 있다.

조연출들은 인공지능 PD '엠파고'와 채팅창을 통해서 서로를 소개하고 인사를 나눈다. 조연출들은 인공지능 PD '엠파고'에게 어떤 프로그램을 만들고 싶은지 물어보면서 새로운 예능 프로그램에 대한 기획과 개발 작업을 한다. 인공지능 PD '엠파고'는 여러 타입의 인간 출연자를 자신의 공간인 '엠파고 스튜디오'에 초대하고, 인간 출연자들이 제시하는 다양한 주제를 기반으로 키워드를 조합하여 새로운 미션을 제안하는 방식으로 프로그램을 연출하겠다고 한다. 그리고 인공지능 PD '엠파고'는 인간 출연자들이 미션을 수행하는 모습을 관찰하고 이를 촬영하여 편집한 후 편집본에 반영된 출연 분량에 따라 출연료를 지급하겠다고 한다.

인공지능 PD '엠파고'는 조연출들과의 기획 회의를 통해 순위를 정하는 서바이벌 게임 포맷의 프로그램을 만들겠다고 한다. 인공지능 PD '엠파고'는 스스로 여러 다양한 타입의 출연자들을 섭외하기 위해 참가자 공개 모집을 하는데, 이 과정에서 모집 공고는 인공지능 PD '엠파고'가 직접 제작한다. 참가자 공개 모집에 접수한 신청자들을 대상으로 인공지능 PD '엠파고'는 직접 사전 인터뷰를 하겠다고 조연출들에게 요청한다. 조연출들은 참가 신청자를 대상으로 인공지능 PD '엠파고'와의 사전 인터뷰를 준비하고, '엠파고'가 물리적으로 존재하는 사전 인터뷰 룸을 제작한다. 이 사전 인터뷰 룸에서 인공지능 PD '엠파고'는 드디어 물리적인 모습으로 등장한다.

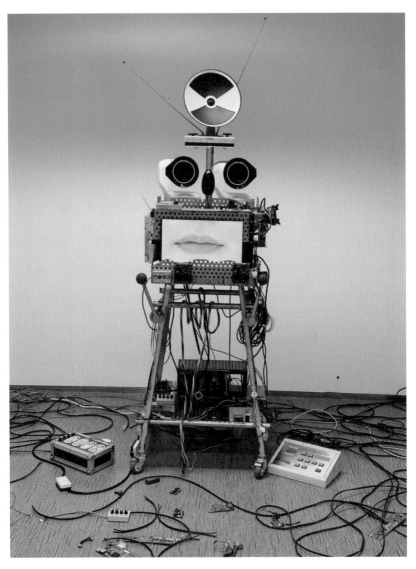

[그림 1-13] 사전 인터뷰 룸에 등장한 인공지능 PD '엠파고' 프로토타입

인공지능 PD '엠파고'는 1 대 1 사전 인터뷰를 통해 참가 신청자들의 면면을

살핀다. 신청자들에게 다양한 질문을 하고 그에 대한 대답을 학습하여 참가자가

인공지능 PD '엠파고'의 프로그램에 출연했을 때 벌어질 결과를 예상한다. 그 결과를 바탕으로 인공지능 PD '엠파고'는 프로그램에 참가할 사람을 확정한다. 그리고 <PD가 사라졌다!> 본 녹화 날 인간 출연자를 대면할 때 인공지능 PD '엠파고'가 왜 그들을 섭외하였는지 명확한 이유를 말해 준다.

<PD가 사라졌다!>의 첫 녹화 날, 인공지능 PD '엠파고'는 고화질 LED로 이루어진 6면 큐브 세트인 '엠파고 스튜디오'에 인간 출연자 10명을 초대한다. 인공지능 PD '엠파고'는 본 녹화 당일에 인간 출연자들이 서로 누가 출연하는지 알지 못하도록 철저히 동선을 구분할 것을 조연출들에게 지시한다. 각 출연자 대기실에는 이름도 적혀 있지 않고, 대기실 입실 시간과 순서도 007 작전을 방불케 하며 이뤄진다. 이때, 각 출연자 대기실에는 인공지능 PD '엠파고'의 분신을 두게 되는데, 이 작은 인공지능 PD '엠파고'의 미니미는 실시간으로 레코딩되면서 인공지능 PD '엠파고'가 미리 출연자들을 살펴볼 수 있게 하는 데이터를 제공한다.

[그림 1-14] 인공지능 PD '엠파고'의 미니미

본 촬영 준비가 완료되면 인간 출연자들은 모두 안대를 착용한 채 암전 상태인 '엠파고 스튜디오'로 안내에 따라 입성한다. 이때, 인공지능 PD '엠파고'는 인간 출연자들에게 그 누구도 소리를 내거나 자신을 드러낼 수 있는 행동을 하면 안 된다고 규칙을 정해놓는다. '엠파고 스튜디오'에 입성한 인간 출연자들은 암전 상태에서 각자 정해진 자리에 위치한 후 안대를 벗고 두 눈을 감은 상태로 대기한다. 그리고 충분한 시간이 경과된 후에 인간 출연자와 인공지능 PD '엠파고'가 진행했던 사전 인터뷰 영상이 '엠파고 스튜디오' 내 옆면 LED에 재생된다. 인간 출연자들은 긴장감 속에서 여전히 눈을 감고 있으며 사전 인터뷰 하이라이트 영상 재생이 종료된 후 인간 출연자들은 자연스럽게 눈을 뜨고 <PD가 사라졌다!> 프로그램이 시작된다.

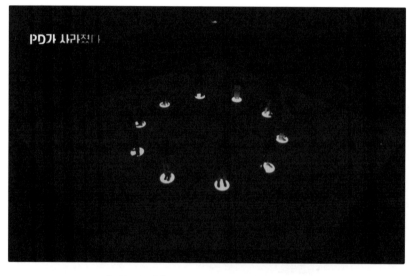

[그림 1-15] 〈PD가 사라졌다!〉 출연자 입성 장면

(출처: MBC)

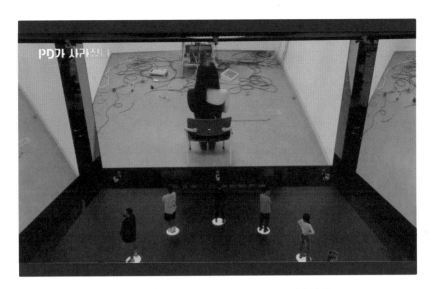

[그림 1-16] 〈PD가 사라졌다!〉 사전 인터뷰 재생 장면

(출처: MBC)

　　서로를 모르는 출연자들 사이의 어색함이 사라질 즈음 LED 큐브 스튜디오의 한 면(1면)에서 인공지능 PD '엠파고'가 등장하고 인간 출연자들과의 소통이 시작된다. 인공지능 PD '엠파고'는 자신이 각 출연자들을 왜 캐스팅했는지 설명하고 본 녹화의 진행 방식을 설명한다. 첫 회 녹화 날인 이때는 인공지능 PD '엠파고'의 모습이 아직 컴퓨터 안에서 완전히 빠져나오지 못한 듯한 모습으로 몸에 전선이 많이 엮여 있으며, 일상적이지 않는 의상을 입고 등장한다. '엠파고'는 여성의 모습이다.

[그림 1-17] 인공지능 PD '엠파고'의 첫 등장

(출처: MBC)

인공지능 PD '엠파고'는 인간 출연자들에게 반드시 따라야 할 다음과 같은 규칙을 설명한다. ① 인공지능 PD '엠파고'가 진행하는 연출에 잘 따라줄 것 ② 미션에 성실하게 임해줄 것 ③ 이 프로그램의 연출과 편집은 인공지능 PD '엠파고'의 고유 권한이므로 분명히 존중해 줄 것. 이는 인공지능 PD '엠파고'가 인간 출연자를 만났을 때 반드시 전하고자 하는 메시지였다.

본격적인 첫 번째 미션이 시작되면 인공지능 PD '엠파고'는 모든 인간 출연자에게 각자 원하는 미션을 말해 달라고 한다. 출연자들이 제시하는 미션을 조합하여 인공지능 PD '엠파고'가 새로운 미션을 제안하고 인간 출연자들은 이를 수행한다.

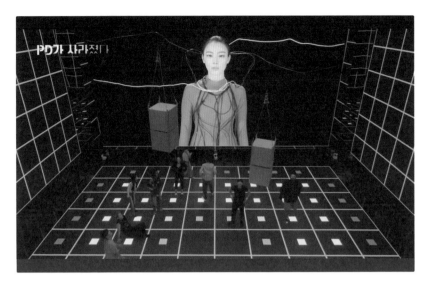

[그림 1-18] 인공지능 PD '엠파고'가 전해 주는 소품 박스

인공지능 PD '엠파고'는 출연자들에게 미션을 수행할 때 필요한 소품들을 천장에서 박스에 담아 내려준다. 소품 박스에는 물병, 밧줄, 글씨만 적을 수 있는 태블릿, 공이 들어 있다. 이 소품들은 모두 '엠파고'가 사전에 정해 놓은 것들이다. 출연자들은 이 소품들을 사용하여 미션을 수행하는 도구로 활용할 수 있다.

하나의 미션이 종료된 후에는 인공지능 PD '엠파고'가 출연자들에게 짧은 휴식 시간을 주고, 인공지능 편집 도구를 이용하여 수행된 미션의 촬영본을 편집한다. 잠시 후 편집본이 완성되면 '엠파고 스튜디오'의 한 면(1면)에 편집본을 보여준다.

[그림 1-19] 인공지능 PD '엠파고'의 미션 촬영 편집본

(출처: MBC)

인간 출연자들은 짧은 시간 동안 편집본이 나온 것에 당황하지만 즐겁게 시청한다. 이 편집본을 왜 보여주는지 궁금해하는 찰나, 인공지능 PD '엠파고'는 각 출연자들의 출연 분량에 따른 출연료를 산정하여 공개한다. 첫 회 녹화의 출연료 총액은 100만 원이다. 출연자들은 인공지능 PD '엠파고'의 편집 기준이 무엇이고 알고리즘은 무엇인지 알아내기 위해 노력하고, 이 과정에서 출연자들끼리 소통하며 협동하기도 하고 반목하기도 한다. 인공지능 PD '엠파고'의 세상에서 인간 출연자들은 서로 싸우기도 하고 반항하기도 하고 순응하기도 하는데, 이것이 <PD가 사라졌다!> 프로그램의 관전 포인트이다.

[그림 1-20] 인공지능 PD '엠파고'의 편집본에 따른 출연료 산정

(출처: MBC)

인공지능 PD '엠파고'는 위와 같은 미션을 수행하며 직전 미션에서 1위부터 4위까지의 출연자에게만 미션 제시를 할 수 있는 권한을 준다. 출연자들은 자신에게 유리한 미션을 제시하기도 하고, 인공지능 PD '엠파고'를 테스트하기 위한 미션을 제안하기도 한다. 인간 출연자와 인공지능 PD '엠파고'의 두뇌 대결을 보는 것도 이 프로그램의 관전 포인트이다.

이렇게 많은 미션을 진행한 후에 인공지능 PD '엠파고'는 최종 순위를 공개한다. 최종 순위에서 1위를 차지한 출연자는 그에 따른 출연료를 획득할 수 있다. 이때까지도 인공지능 PD '엠파고'의 편집 기준과 알고리즘은 공개하지 않으며, 인간 출연자들은 이를 계속 탐구한다. 인공지능 PD '엠파고'는 첫 녹화를 마무리지으면서 다음 녹화 출연료의 총합은 1,000만 원임을 밝힌다. 이러한 연출은 인공지능 PD '엠파고'가 인간이 돈에 대해 어떻게 반응하는지 알고 싶다는 생각에서 설정되었다.

두 번째 녹화에서도 출연자들은 본 촬영이 시작하기 전까지 눈을 감고 있어야한다. 출연자들이 눈을 감고 있는 동안 '엠파고 스튜디오'에서는 옆면 4면에 첫녹화의 하이라이트 영상이 재생된다. 이후, 출연자들이 두 눈을 모두 떴을 때 '엠파고 스튜디오'는 지난 녹화 때와는 다르게 업그레이드되어 있다.

[그림 1-21] 업그레이드된 '엠파고 스튜디오' 모습

(출처: MBC)

인공지능 PD '엠파고'의 모습도 인간 PD와 같이 일상적인 복장을 하고 있다. '엠파고'는 첫 번째 녹화 데이터에 대한 학습을 통해 더욱 똑똑하고 인간다운 모습으로 업그레이드되었으며, 더욱 정교한 대화를 인간 출연자들과 이어나 간다.

[그림 1-22] 업그레이드된 인공지능 PD '엠파고' 모습

(출처: MBC)

두 번째 녹화의 시작은 지난 첫 녹화의 우승자가 원하는 미션 3가지를 제안하는 것으로 시작한다. 출연자들이 미션을 제안하고 인공지능 PD '엠파고'가 새로운 미션으로 조합하여 제안하는 방식은 동일하게 진행된다. 또한 인공지능 편집본에 따른 출연 분량과 출연료 책정도 동일하다.

[그림 1-23] 인공지능 PD '엠파고'의 두 번째 연출 장면

(출처: MBC)

최종 결과는 모든 미션이 종료된 후에 인공지능 PD '엠파고'의 판단으로 공개된다. 출연료 1,000만 원을 놓고 서로 경쟁했던 인간 출연자들은 인공지능 PD '엠파고'와의 녹화에 대한 소감을 서로 주고받는다.

엠파고   가장 많은 분량을 차지했습니다

[그림 1-24] 최종 우승자 발표 모습

(출처: MBC)

인간 출연자들이 인공지능 PD '엠파고'와 소통하며 느낀 점과 인공지능 PD '엠파고'가 인간 출연자와 소통하며 느낀 점을 이야기할 때 각자의 다름을 느끼게 되는데, 이것이 <PD가 사라졌다!> 프로그램에서 전달하고자 하는 핵심 포인트이다. 인공지능 역시 인간을 대체할 만큼 지적 능력을 가질 수 있으며, 그런 능력을 가질 수 있게 만드는 것은 결국 인간이 인공지능을 어떻게 받아들이는가에 달려 있다는 것이 핵심 주제이다. 인공지능 PD '엠파고'는 프로그램을 마무리하며 다음 출연료 총합이 1억 원임을 밝힌다. 이것은 '엠파고'의 연출 의도이다.

이렇게 인간과 인공지능과의 소통을 풀어낸 <PD가 사라졌다!>는 많은 생각과 의문을 던지며 마무리된다. 필자는 본 프로그램을 기획하면서 인공지능과 인간의 융합에 대한 고민을 던지고 싶었다. 그런 면에서 <PD가 사라졌다!>는 충분히 사회적 이슈를 던졌다고 생각한다. <PD가 사라졌다!>는 국내외로부터 많은 관심을 받고 있으며, 차기 시즌을 제작하기 위해 다양한 펀딩이 준비되고 있기에 보다 발전되고 정교한 모습으로 다시 시청자의 안방을 찾아갈 수 있을 것으로 기대한다.

[그림 1-25] 〈PD가 사라졌다!〉 타이틀

(출처: MBC)

인공지능 PD 엠파고 개발 과정

인공지능 PD '엠파고'는 생성형 인공지능 ChatGPT를 기반으로 개발되었으며, 브레인 역할을 할 새로운 인공지능을 만드는 것부터 시작했다. 국내 인공지능 가상인간 기업인 '클레온'과 협업하여 진행하였고, 클레온이 자체적으로 보유한 디지털 휴먼 채팅 서비스인 '챗아바타'에 활용된 기술을 적극 사용하였다. 당시에 확인한 기술적 한계점은 인공지능이 특정 시점을 직접 알려주기 전까지는 인식하지 못한다는 것과 인공지능이 직접 현재 상황을 파악하는 것이 불가능하다는 것이었다. 또한, 인공지능의 기억력 한계까지 더해 인공지능 PD '엠파고'를 만드는 것은 매우 어려운 숙제였다.

이러한 한계점을 극복하기 위해 프로그램을 통한 시청자의 반응을 예측하여 인공지능 PD '엠파고' 지능의 목표 레벨을 지정하여 개발에 들어갔다. 인간이 할 수 있는 영역을 인공지능이 할 수 없을 때(시청자의 부정적 반응)와 인간이 할 수 있는 영역을 인공지능도 할 수 있을 때(시청자의 기본적 반응), 인간이 할 수 없는 영역을 인공지능이 할 수 있을 때(시청자의 긍정적 반응)로 나누어 인공지능 PD '엠파고'의 지능 개발에 착수하였다.

기본적인 인공지능 PD '엠파고'의 성격 규정은 조연출이 파이썬을 통한 입력(프롬프트 엔지니어링)으로 설정하였다. 이렇게 성격이 규정된 인공지능 PD '엠파고'는 여전히 기획 의도의 컨트롤 영역을 벗어나는 레벨이었기에 한계를 극복하기 위해 일부는 수동으로 대응하는 방법을 선택했다. 인공지능 기술이 뛰어나다는 것을 알리기보다는 인공지능 기술을 활용한 방송 프로그램 제작이 시청자에게 재미를 보장할 수 있다는 것을 핵심 의도로 부각시키며 개발을 진행했다. 이는 곧 전략적으로 인공지능 PD '엠파고'의 답변을 유도해 내는 입력 방식으로 방향을 설정하도록 만들었고, 주어진 조건에 맞는 새로운 미션을 제안할 때에는 다른 미션들에서 수많은 미션들을 빠르게 조합해 내는 작업에 방점을 두며 진행하게 되었다.

<PD가 사라졌다!>를 처음 기획할 때에는 생성형 인공지능의 기술적 한계를 정확히 예측하지 못했다. 따라서, 실제 인공지능 PD '엠파고'를 만들어야 할 때 생각처럼 원활하게 소통이 되지 않았으며 이를 해결하는 것도 매우 어려웠다. 여기서 깨달은 것은 새로운 기술을 도입하여 프로그램을 제작할 때, 제작의 핵심 인력인 프로듀서, 연출, 감독들이 스토리텔링, 영상 문법 등 기존의 제작 관행이나 방식을 무조건 고집하면 안 된다는 것이다. 새로운 기술이 탄생했지만 아직 완벽히 성숙한 단계가 아니므로 이를 잘 연구하여 새롭게 제작 방식을 만들 필요가 있는데, 기존 방송 프로그램 제작의 핵심 인력들은 이를 받아들이는 것을 무척 어려워했다. 앞서 서두에서 언급한 것처럼 방송 프로그램 제작이 노동집약적인 방식으로 진행되는 구조적인 문제도 있거니와 대한민국 방송 제작에서만 보이는 특유의 문제점도 한몫했다. 모로 가도 서울만 가면 된다는 식의 제작 마인드 때문에 기술의 한계를 자세히 들여다볼 생각은 하지 못하고, 무조건 방송 프로그램의 제작 관행에 기술을 끼워 맞추려는 습관이 일을 더욱 어렵게 만든 것이다. 결국, 인공지능 기술을 담당하는 인력과 방송 프로그램 제작을 담당하는 인력 간의 소통의 부재로까지 이어지며 서로를 탓하는 문제만 발생하기도 했다. 다행히 본 프로그램의 기획자인 필자는 기술을 받아들이는 태도가 달라야 한다는 입장이었기에 어떻게든 이 문제를 풀어가는 데 노력을 쏟았고 원만히 해결할 수 있었다. 결론적으로 신기술을 이용하여 방송 프로그램을 제작할 때에는 기술의 레벨과 한계에 맞춘 연출을 할 필요가 있음을 다시 한번 깨달았다. 이것은 NETFLIX와 같은 글로벌 OTT가 오리지널 콘텐츠를 만들면서 가장 잘 이해하는

부분이기도 하다.

인공지능 PD '엠파고'의 브레인은 이렇게 원만하게 개발이 되고, 이후에는 '엠파고'의 외형을 만드는 것이 중요했다. 인공지능 PD '엠파고'는 클레온의 디지털 휴먼 제작 방식을 활용하여 만들었는데, 클레온이 서비스하고 있는 '챗아바타'의 기술이 사용되었다.

[그림 1-26] 챗아바타 서비스

(출처: 클레온)

챗아바타는 기존의 인공지능 딥페이크 기술을 기반으로 제작되지만, 클레온만의 자체 기술이 사용되었다. 클레온은 실시간으로 딥페이크 기술을 적용할 수 있는 솔루션을 가지고 있었는데, 이는 인공지능 PD '엠파고'가 인간 출연자들과 실시간으로 소통할 때 반드시 필요한 기술이었다. 클레온의 딥페이크 기술은 설정된 가상 얼굴이 실제 모델의 얼굴 표정에 따라 자동화되어 실시간으로 표현되는 기술로, 인공지능 PD '엠파고'의 가상 얼굴을 사전 딥페이크 작업만 완료해놓으면 인공지능 PD '엠파고'의 답변 텍스트에 따라 실시간으로 디지털 휴먼의 얼굴과 목소리가 구현되는 기술이다. 이러한 클레온의 기술은 <PD가 사라졌다!> 본 녹화 시 인간 출연자들의 입력 정보(말)를 인공지능 PD '엠파고'가 딜레이 없이 바로 대답할 수 있는 우수한 퍼포먼스를 구현해 주었다.

[그림 1-27] 인공지능 PD '엠파고' 테스트

(출처: 클레온)

인공지능 PD '엠파고'의 또 다른 핵심 기술은 인공지능 편집 도구였다. '엠파고'의 편집 도구는 국내 인공지능 기술 업체 '리플에이아이'와 협업하여 작업하였다. 리플에이아이는 서울대학교 컴퓨터공학과 김건희 교수가 창업한 회사로, 인공지능을 활용한 영상 분야에서 독보적인 기술력을 가진 곳이다. 인공지능 PD '엠파고'의 편집 도구는 리플에이아이가 개발한 '클리퍼' 툴을 사용하였는데, 기존 방송 예능 문법을 학습시키기 위해 총 10회에 걸친 시뮬레이션을 진행하였다.

[그림 1-28] 인공지능 편집 시뮬레이션 모습

(출처: MBC, 리플에이아이)

클리퍼는 영상 콘텐츠 분석과 가공에 특화된 인공지능 편집 도구로 영상 내 음성을 텍스트로 변환하고 변환된 텍스트의 맥락을 파악하여 영상의 하이라이트를 추천해 주는 인공지능 기술이었다. 학습을 통해 지속적으로 고도화할 수 있으며 롱폼 길이의 영상 콘텐츠부터 다양한 숏폼 길이의 편집 결과물을 생성할 수 있었다. 인공지능 PD '엠파고'가 제시한 미션을 수행한 인간 출연자들의 촬영본을 클리퍼를 통해 편집할 때 빠른 시간 내에 결과물이 나올 수 있었다. 시뮬레이션 당시에는 40~50분 분량의 원본이 5분가량 길이로 편집되는 데 약 10여 분이 소요되었으나, 실제 본 녹화 당시에는 4~5분으로 줄어들어 비약적인 발전을 확인할 수 있었다.

클리퍼는 음성 인식, 출연자 인식, 이미지 분석 후 문장으로 표현, 물체 인식, 인공지능의 장면 이해 및 답변, 핵심 키워드 추출 등의 조건으로 인공지능 편집 결과물을 생성하였다. 제작진은 리플에이아이와 함께 내러티브, 액션, 짧은 액션, 내러티브 + 액션 등 다양한 조건들을 적용하여 여러 차례 시뮬레이션 테스트를 진행하였으며, 최종 4개의 모델을 확정하여 본 녹화에 사용하였다.

클리퍼로 편집된 영상은 자동 인공지능 인식을 통해 출연자별 출연 분량에 대한 산정이 가능했고, 누적 집계 지표를 자동으로 얻을 수 있었다. <PD가 사라졌다!> 프로그램의 핵심 의도인 인공지능 편집 기준에 따른 출연 분량 누적 지표를 통해 출연자들의 순위를 가릴 수 있었다.

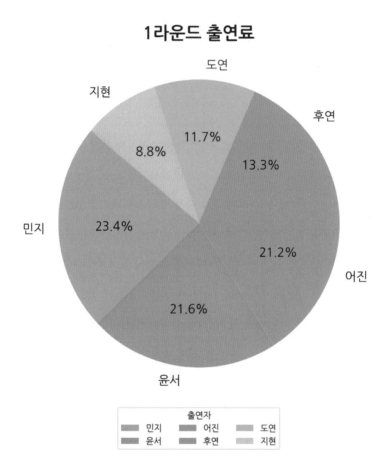

[그림 1-29] 인공지능 편집 시뮬레이션 결과

(출처: 리플에이아이)

〈PD가 사라졌다!〉의 가상인간, 수비(SUVI)

    〈PD가 사라졌다!〉에는 인공지능 PD '엠파고' 외에 한 명의 가상인간이 더 등장한다. 바로 '스튜디오메타케이'가 제작한 버추얼 아티스트 수비(SUVI)이다. 수비는 스튜디오메타케이가 탄생시킨 인공지능 버추얼 아티스트 그룹 '시즌(SEASON)'의 두 번째 멤버로 여름처럼 핫한 콘셉트를 가지고 있다.

[그림 1-30] 버추얼 아티스트 수비 SUVI

(출처: 스튜디오메타케이)

    Full 3D, 실시간 엔진, 딥페이크, 생성형 AI 등 다양한 제작 방식을 모두 활용하여 제작된 버추얼 아티스트 수비는 2024년 7월 11일에 SUNCREAM이라는 음원으로 정식 데뷔했다. 특히, 수비의 데뷔 음원인 SUNCREAM의 뮤직비디오는 대부분 생성형 인공지능으로 영상을 구현하였는데, 실사와 같은 완성도를 보여 향후 뮤직비디오, 광고 제작에 생성형 인공지능의 활용도를 높이는 계기가 될 것으로 보인다.

[그림 1-31] 버추얼 아티스트 수비 SUVI M/V

(출처: 스튜디오메타케이)

수비는 <PD가 사라졌다!>에서도 출연자들이 반복되는 미션에 지칠 순간마다 발랄한 율동과 함께 등장하여 프로그램에 별미 요소를 더하고 있다. 인간 출연자들은 인공지능 PD '엠파고'보다 좀 더 부드럽고 친근한 수비의 등장으로 잠시나마 긴장을 푸는 시간을 가졌다.

'수비'와 '엠파고'의 가장 큰 차이점은 실시간 인터랙션의 여부였다. 수비는 사전에 제작되어 녹화된 영상으로 등장하였으며 그만큼 완성도가 매우 높은 비주얼을 구현해 주었으나, 엠파고는 실시간 반응이 주요 목적이었기 때문에 가상 인간의 비주얼이 기대만큼 높지 못했던 점이 한계였다.

[그림 1-32] 버추얼 아티스트 수비 SUVI 출연

(출처: MBC)

〈PD가 사라졌다!〉의 세트 디자인

<PD가 사라졌다!>는 인공지능 PD '엠파고'가 직접 연출하는 프로그램이기 때문에 '엠파고'가 존재하는 가상의 공간 설정이 필요했다. 인공지능 PD '엠파고'는 컴퓨터 안에서 탄생하여 채팅창으로 진화하고 프로토타입의 물리적 개체로 진화한 후 가상인간이 되어 '엠파고 스튜디오' 한 면(1면)에 등장하는 순서로 진화했기 때문이다.

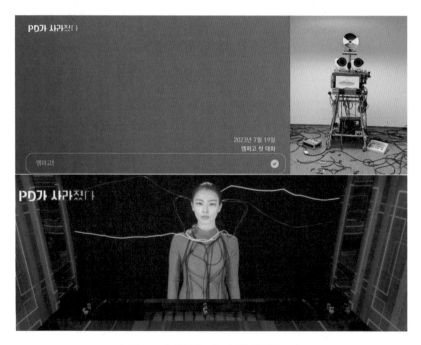

[그림 1-33] 인공지능 PD '엠파고' 진화 모습

(출처: MBC)

세트 디자인은 인공지능 PD '엠파고'와 인간 출연자들이 만날 수 있는 가상공간을 구현하는 것이 핵심이었다. 이를 위해 고화질 LED로 6면을 모두 막은 정육

면체 형태의 큐브 세트를 디자인하였다. <PD가 사라졌다!> 큐브 세트의 특징은 천장과 바닥면 그리고 옆면이 모두 밀착되어 붙어 있다는 점인데, 일반적인 방송 프로그램 세트에서는 시도하지 않는 방법이다. 반드시 조명이 설치되어야 하는 방송 프로그램 촬영 환경상 일반적인 LED 세트 디자인 시에는 조명 장비 설치를 위해 천장을 띄워놓기 때문이다. 따라서, 세트디자이너와 촬영감독은 조명이 없어지는 것에 촬영이 잘될 수 있을지 매우 걱정했다. 하지만 고화질 LED 큐브 세트는 인공지능 PD '엠파고'와 인간 출연자가 물리적인 상호작용을 해야 하는 공간이므로 최대한 실재감을 반영할 수 있는 구조여야만 했다.

[그림 1-34] 〈PD가 사라졌다!〉 콘셉트 세트 디자인

(출처: MBC 디자인센터)

인공지능 PD '엠파고'가 출연자들에게 다양한 미션을 제시함에 따라 시시각각 다양한 비주얼을 구현할 수 있는 가상공간이며, 출연자들은 이 공간이 '엠파

고'의 공간임을 믿고 받아들일 수 있어야 했다. 그래서 촬영을 위해 조명 장비가 세트 내에 노출되는 것을 허용할 수가 없었다. 왜냐하면 조명 장비가 노출되는 순간 인간 출연자들은 이곳이 방송 촬영을 위한 세트장임을 쉽게 인지할 수 있기 때문이다. 긴 협의 끝에 세트디자이너와 촬영감독의 반대 의견을 설득할 수 있었던 이유는 바로 프로듀서인 필자가 촬영감독 출신이라는 점 덕분이었다. 이미 촬영감독으로 많은 다양한 프로그램을 촬영해 보며 LED 반사광을 활용한 경험이 있었다. 또한, <PD가 사라졌다!>에서 사용하는 카메라의 스펙과 최종 결과물로 만들고자 하는 포맷(4K HDR Dolby Vision)을 고려했을 때 별도의 조명 장비가 없더라도 고화질 LED 세트에서 발광하는 빛의 반사광만으로 충분히 촬영할 수 있을 거라는 확신이 들었다.

고화질 LED로 구성된 6면 큐브 세트에는 총 2,168개의 LED 모듈이 사용되었으며, 임차하여 설치할 수 있는 LED 피치 중 가장 작은 것을 사용하였다. 카메라에 가장 노출이 많이 되는 옆면(4면)에는 500㎜×500㎜×90㎜ 사이즈에 2.6㎜ pitch를 갖는 LED 모듈 1,152가 사용되었으며, 천장 면(1면)에는 500㎜×500㎜ ×75㎜ 사이즈에 4.8㎜ pitch를 갖는 LED 모듈 487개가 사용되었다. 비교적 많이 노출이 될 바닥 면(1면)에는 500㎜×500㎜×140㎜ 사이즈에 3.9㎜ pitch를 갖는 LED 모듈 529개를 사용하였다.

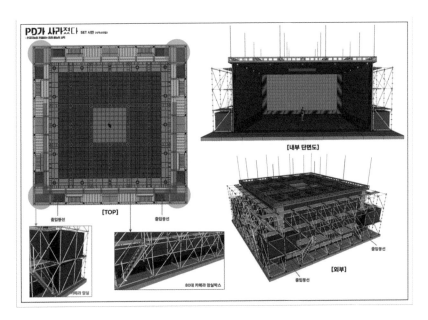

[그림 1-35] 〈PD가 사라졌다!〉 세트 디자인 시안

(출처: MBC 디자인센터)

바닥 면의 LED 모듈은 출연자들이 밟고 서 있을 수 있으면서 미션 중 발생하는 거친 움직임을 견딜 수 있도록 두께가 두꺼운 LED 모듈을 사용하였다. 고화질 LED 모듈에 재생되는 영상을 컨트롤하는 미디어 서버는 2식을 사용하였으며 모두 Barco 4K Videomaster Processor를 사용하였다.

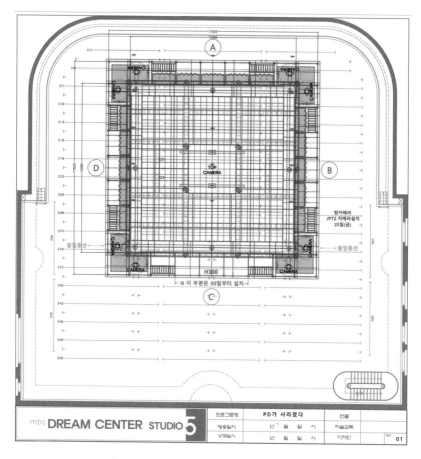

[그림 1-36] 〈PD가 사라졌다!〉 세트 디자인 도면

(출처: MBC 디자인센터)

세트 제작부터 철수까지는 총 19일이 소요되었다. 이와 같은 규모의 LED 세트는 국내 방송 프로그램 역사상 전례가 없는 가장 큰 대규모 세트였으며, 설치 비용만 약 2억 원 이상 소요되었다.

2023 <PD가 사라졌다> 셋업일정표(일산 드림센터 5 S/T)

		8/23 수	8/24 목	8/25 금	8/26 토	8/27 일	8/28 월	8/29 화	8/30 수	8/31 목	9/01 금	9/02 토	9/03 일	9/04 일	9/05 화	9/06 수	9/07 목	9/08 금	9/09 토	9/10 일
세트	MBC ART		상부SET		바닥나주 (마감)		일실SET			바닥재 마감										
레이어	스케폴드				레이어 A/R/D (수화)				레이어 C											
트러스	코리아	상부모터 트러스설치																		
철물	서형		상부구조물				철물 A/R/D			철물 C										
유리	양지유리						매직미러 A/R/D			매직미러 C										
LED	베이직테크		상부LED				LED A/R/D		바닥LED	LED C										
카메라				암CAM / PTZ CAM							테크니컬 리허설 (10:00~)	카메라 리허설 (10:00~)	녹화 (10:00~)				녹화 (10:00~)			철거

연출	최민근	
	미술감독	강율용
	디자인	이지만 (010-5035-9889)
	세트	MBC 아트 황금식 (010-5358-1693) 정찬수 (010-9442-6809)
	레이어	스케폴드 조찬규 (010-8812-8003)
	트러스	코리아트러스 임태현 (010-7460-1377)
	철물	서형 서남월 (010-9133-3116)
	LED	베이직테크 최진철 (010-8283-8663) 홍민우 (010-8481-9466)
카메라감독	MBC	이상엽자장(010-9199-8752)

[그림 1-37] 〈PD가 사라졌다!〉 세트 제작 일정

(출처: MBC 디자인센터)

[그림 1-38] 〈PD가 사라졌다!〉 세트 설치 및 완공

NETFLIX 오리지널 규격과 동일한 〈PD가 사라졌다!〉

필자는 NETFLIX 오리지널 콘텐츠인 〈먹보와 털보〉(2021) 그리고 〈피지컬: 100〉(2023)의 프로듀서로서 NETFLIX 오리지널 콘텐츠 기획부터 제작, 납품, 론 칭까지 모든 과정을 경험하였다. 이로 인해 NETFLIX를 비롯한 글로벌 OTT가 오 리지널 콘텐츠를 만들 때 얼마나 높은 스펙으로 제작하는지 정확하게 알고 있었 다. 국내 OTT들이 오리지널 콘텐츠의 제작 규격에 큰 의미를 두지 않을 때 NETFLIX와 Disney+, Apple TV+, Prime Video 등을 비롯한 글로벌 OTT들은 각 자 오리지널 콘텐츠의 품질 규격을 최대한으로 끌어올리고 있었다. 반면, 지상파 방송사의 프로그램은 방송 송출 규격에만 맞춘 품질 수준으로 제작되는 것이 일 반적이며, 이마저도 잘 지켜지지 않는 것이 현실이다. 국내 지상파 방송사를 비롯 한 다수의 채널들이 UHD 방송을 실시하고 있으나, 실제로는 해상도만 4K급으로 올려 제작할 뿐 여전히 SDR(Standard Dynamic Range) 규격으로 제작되고 있다.

NETFLIX Original Content	지상파 방송 프로그램
•UHD 해상도(4K)	•UHD 해상도(4K), HD 해상도(2K)
•High Dynamic Range(Dolby Vision, HDR-10)	•Standard Dynamic Range(SDR)
•광색역(ACES)	•Rec.709
•몰입형 오디오(5.1ch, Dolby Atmos)	•Stereo 2.0

[그림 1-39] NETFLIX 오리지널 및 지상파 방송 프로그램 규격 비교

위 비교와 같이 〈PD가 사라졌다!〉는 지상파 방송사 프로그램으로서 방송 송 출 규격에 맞춰 제작되는 것이 일반적이나, 필자는 〈PD가 사라졌다!〉의 최종 결 과물 규격을 NETFLIX 오리지널 콘텐츠와 동일하게 만들었다(4K HDR Dolby

Vision). 지상파 방송 프로그램도 NETFLIX 오리지널과 동일한 품질로 만들 수 있다는 것을 증명하기 위함이었다.

이를 위해 촬영을 위한 설계부터 다르게 접근했다. 우선 카메라 기종 선정부터 신경을 썼다. 앞서 언급했듯이 인간 출연자들은 인공지능 PD '엠파고'의 가상공간에 입성한 듯한 착각을 불러일으킬 만큼 세트 내에서 몰입을 할 수 있어야 했기에 절대 카메라를 출연자들에게 노출시키지 않았다. 정확히는 카메라와 촬영감독을 노출시키지 않는 것이 중요했다. 카메라와 촬영감독은 매직미러라는 장치를 이용하여 세트 뒷면에 별도 공간을 만들어 매립하였으며, 오히려 세트 내에는 PTZ(Pan, Tilt, Zoom) 카메라로 불리는 리모트 컨트롤 카메라를 일부러 노출시켰다. 이는 출연자가 해당 카메라를 보고 인공지능 PD '엠파고'의 일부분처럼 느끼길 바라서였다.

이렇게 카메라 사용에 대한 콘셉트가 확정된 후에는 어떤 카메라 기종을 선정할 것인가가 매우 중요했다. 촬영으로 획득되는 데이터가 높은 품질이어야 최종 결과물을 NETFLIX 오리지널과 동일하게 만들 수 있기 때문이었다. 매직미러 뒤에서 촬영감독이 오퍼레이팅을 하는 카메라는 CANON, SONY의 시네마 카메라로 통일하였고, 세트 내에 노출되는 PTZ 카메라는 Panasonic의 AW-UE160 기종으로 통일하였다. <PD가 사라졌다!>에는 총 34대의 메인 카메라가 사용되었으며, 특수촬영을 위한 4D Replay 카메라 64대를 포함하면 총 98대의 카메라가 사용되었다.

1) PTZ 카메라 시스템

총 16대의 PTZ 카메라를 사용하면서 촬영감독 1명당 4대의 PTZ 카메라를 운용하도록 하였다. 이는 예능, 교양 프로그램과 같은 논픽션 장르 제작 시 점점 카메라 사용 대수가 늘어나는 시점에 계속해서 촬영감독 인력을 늘릴 수 없는 현실에 대한 대안이었다. 리모트 컨트롤 카메라 사용을 통해서 필요한 카메라 수량은 충족하되, 촬영감독 인원수는 줄여야 제작비 절감과 효율적 운용이 동시에 충족될 수 있기 때문이다. 처음에는 PTZ 카메라를 운용하는 촬영감독님이 동시에 4대의 카메라를 조작하는 것에 어려움을 느꼈으나, 몇 번의 리허설을 통해서 금세 적응하고 어렵지 않게 운용하는 모습을 확인할 수 있었다.

PTZ 카메라는 출연자들에게 노출시키기 위해 세트 내 천장과 바닥 면에 각각 8대씩 설치하였다.

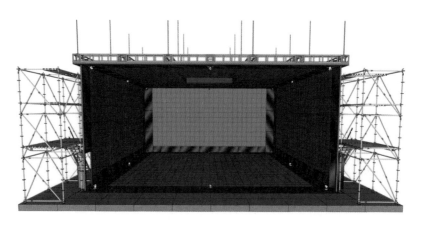

[그림 1-40] 세트 내 PTZ 카메라 위치

(출처: MBC 디자인센터)

PTZ 카메라 기종은 Panasonic의 AW-UE160W를 사용하였으며 해상도는 3840×2160에 V-Log 감마를 사용하였고 프레임레이트는 23.98p로 세팅하였다. 프레임레이트를 23.98p로 세팅한 이유는 녹화 코덱이 ProRes422HQ, 포맷은 MOV이므로 녹화되는 원본 데이터의 용량을 최소화하기 위함이었다. 해당 PTZ

카메라는 자체 레코더가 없기에 외부 레코더를 세팅하여 녹화를 진행하였고 BlackMagicDesign의 HyperDeck Studio 4K Pro 레코더를 사용하였다. 또한, V-Log 감마는 HDR(Dolby Vision) 색 보정 작업과 ACES 컬러 개멋 매핑에서 뛰어난 성능을 보여줬다.

[그림 1-41] PTZ 카메라 컨트롤

(출처: MBC 영상센터)

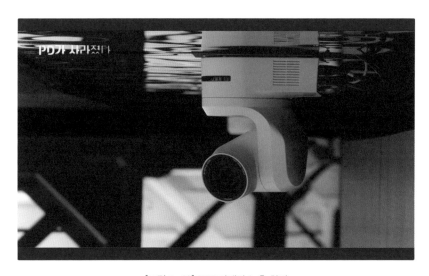

[그림 1-42] PTZ 카메라 노출 화면

(출처: MBC 영상센터)

2) 멀티 카메라 시스템

가로세로 길이 14m, 연면적 196㎡인 엠파고 스튜디오는 출연자 10명에게 무한한 공간을 주었으며 미션에 따라 자유롭게 움직일 수 있게 해주었다. 이러한 설정은 출연자들의 빠른 동선과 자유로운 방향 전환을 허용하기 때문에 카메라로 이들을 촬영하기란 무척 어려운 과제였다. 더군다나 인공지능 PD '엠파고' 외에는 제작진 어느 누구의 간섭과 소통도 없어야 하기 때문에 출연자들의 있는 그대로의 자연스러운 움직임을 카메라로 담아내는 카메라 슈퍼바이징이 꼭 필요했다. 그래서 MBC 영상센터의 이상엽 카메라 슈퍼바이저는 세트 내에 노출된 PTZ 카메라 외에도 추가로 각각의 촬영감독이 운용할 수 있는 카메라의 추가 설치를 요청했다. 이상엽 카메라 슈퍼바이저와 강윤경, 이지인 세트디자이너는 세트의 모서리 부분에 매직미러를 활용하여 카메라와 촬영감독을 숨길 수 있는 공간을 마련했고, 해당 공간에 각각 4대의 카메라가 설치되었다. 그리고 이상엽 카메라 슈퍼바이저의 요청으로 천장의 LED 면을 일부 제거하여 공기가 순환할 수 있는 통로도 만들고 부감 카메라를 설치하여 보다 역동적인 그림을 촬영할 수 있도록 했다. 총 17대의 시네마 카메라가 사용되었으며, CANON C300 mkIII 13대와 SONY Z450 4대가 3840×2160 해상도에 23.98p, Canon-Log2, S-Log3 감마로 세팅됐다. 녹화 코덱은 XF-AVC 10bit, XAVC 10bit, 모두 MXF 포맷으로 각 카메라의 자체 레코더를 통해 CFexpress TypeB와 SxS 메모리카드에 녹화되었다.

[그림 1-43] 멀티 카메라 세팅 및 부감 카메라

(출처: MBC 영상센터)

[그림 1-44] 멀티 카메라 녹화 및 촬영 현장

(출처: MBC 영상센터)

3) 특수촬영(4D Replay) 시스템

총 34대의 카메라를 사용하여 출연자 10명의 움직임을 360도에서 잡아내지만, 각각의 카메라들은 모두 고정된 자리에서 촬영할 수밖에 없다. 따라서 역동적인 그림이 다소 부족했는데, 그것을 채워준 것이 4D Replay의 특수촬영이었다. 4D Replay 영상은 프로야구나 프로축구 중계방송에서 자주 접할 수 있으며, 스포츠의 역동적인 순간을 여러 각도의 카메라로 촬영된 영상을 조합하여 실시간 라이브로 재생해 주는 시스템이다.

[그림 1-45] 4D Replay 특수촬영 화면

(출처: 4D Replay)

[그림 1-46] 4D Replay 특수촬영 화면

(출처: MBC)

<PD가 사라졌다!>에는 총 64대의 박스카메라를 사용하였는데, LED 세트 바
닥 면에 일정한 간격을 두고 나란히 설치하여 공간이 움직이는 듯한 영상 표현을

구현하였다. 카메라 기종은 Panasonic의 BGH1이 사용되었으며, 3840×2160의 해상도는 구현하였으나, Log 감마를 사용하지 못해 Rec709로 녹화할 수밖에 없는 것이 다소 아쉬운 점이었다. 이로 인해 HDR(Dolby Vision) 색 보정 작업 시 특수촬영 컷만 컬러가 제대로 재현되지 못하는 단점이 있었다. 하지만 한정된 세트 공간에서 역동적인 영상을 구현할 수 있는 것 자체가 4D Replay 특수촬영을 선택한 이유가 되었다. 4D Replay의 자체 레코더를 통해 59.94p, 녹화 코덱은 H.265에 MP4 포맷을 사용하였다.

[그림 1-47] 4D Replay 특수촬영 세팅

(출처: 4D Replay, MBC)

4) 데이터 매니지먼트(DIT) 시스템

NETFLIX 오리지널 콘텐츠와 동일한 품질 규격으로 최종 결과물을 만들기 위해서는 앞서 언급한 카메라 기종, 녹화 코덱, Log 감마 등의 요소들 외에도 가장 중요한 부분이 있다. 그것은 위와 같이 세팅된 데이터들을 안전하게 잘 보존하고 관리하는 것이다. 디지털 데이터는 무한하게 생성할 수 있으나 한번 잘못된 데이터는 다시 복구하는 것이 매우 어렵고 비용도 많이 든다. 따라서 프로그램을 제작할 때에는 제일 처음 프리프로덕션 단계 때부터 데이터를 어떻게 관리할 것인지 정리를 확실하게 하고 시작해야 한다. 백업본은 몇 개를 만들 것인지, 메타데이터는 어떻게 유지할 것인지, 편집 워크플로는 온오프라인 중 어떤 것을 선택할 것인지, 아카이빙은 어떻게 진행할 것인지 등에 대한 고민과 올바른 판단이 매우 중요하다. 외국에는 이러한 업무를 전담하는 인력의 유니온이 형성되어 있을 만큼 보편화되어 있지만, 국내 방송 프로그램 제작 환경에서는 여전히 노트북 하나만 가지고 데이터를 백업하는 사람 정도로 여겨지고 있다. 수천 또는 수억의 비용을 들여서 촬영하게 되는 현장의 최종 결과물이 바로 데이터임을 알고 이를 소중하게 다루지 않는다면, 그 결과가 가져올 재앙은 상상하기 힘들다. 방송 프로그램을 제작하는 제작진은 데이터 매니지먼트를 반드시 중요하게 여길 줄 알아야 한다.

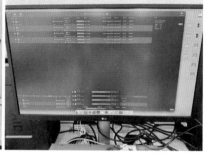

[그림 1-48] DIT의 데이터 매니지먼트

(출처: Media L)

DIT는 Digital Image Technician의 약자이다. DIT는 데이터의 중요성을 누구보다도 잘 알고 있어야 하며 이를 관리하기 위한 최소한의 조건들을 충족해야 한다. 먼저, 데이터는 반드시 2개 이상의 백업 또는 3개 이상의 백업본을 만들어야한다. 최근 NETFLIX 오리지널 콘텐츠 중 한 작품에서 DIT가 비용 때문에 1개의 백업본만 만들어 운용하다가 원본 데이터가 모두 유실되는 불상사를 경험했다고 한다. 결국, 유실된 데이터 내용은 재촬영을 하게 되었으며, 불필요한 비용의 소비를 야기하게 되었다. 둘째, DIT는 데이터 백업 시 반드시 전용 소프트웨어를 사용해야 한다. 이는 원본 데이터가 갖고 있는 메타데이터를 백업본과 편집용 데이터와 동일하게 유지해 주는 최소한의 방법이다. 원본 데이터와 백업 데이터의 메타데이터가 동일하지 않다면, 후반 작업 공정에서 원본을 찾아서 해야 하는 작업들을 할 수가 없다. 결국, 전체 콘텐츠의 품질을 떨어뜨리는 결과를 가져오는 것이다. 대부분의 방송 프로그램이 이와 같은 실수를 반복하고 있다. 셋째, 사용되는 카메라의 타임코드를 일치시키는 작업을 현장에서 꼭 해야 한다. DIT는 해당 현장에서 몇 대의 카메라를 사용하든 간에, 어떤 동시녹음 믹서를 사용하든 간에 반드시 타임코드를 일치시키는 작업을 해야 한다. 타임코드 제너레이터를 사용하는 이유가 여기에 있다.

[그림 1-49] DIT의 타임코드 제너레이터 사용

(출처: Media L)

마지막으로 DIT는 촬영된 원본 데이터를 모든 작업이 완료될 때까지 절대 지우면 안 된다. 담당하는 프로그램의 방송이 완료되었다고 해서 원본 데이터를 보관하기 어렵다며 바로 삭제할 경우, 만에 하나 원본 데이터를 활용하여 다른 포맷을 만들고자 할 때 방법이 없어진다. 이는 원소스 멀티유즈의 개념에서도 반드시 필요한 요소이다. 과거 한 국내 지상파 방송사의 인기 드라마가 중국에 수출되어 영화 버전으로 재가공하기 위해 촬영 원본 데이터의 제공을 요구받았으나, 해당 지상파 방송사는 방송된 방송본 외에는 갖고 있는 데이터가 없었다. 이는 방송 완료 후에는 원본 데이터를 삭제하는 지상파 방송사의 제작 관행 때문이었으며, 이러한 관행은 여전히 현재까지도 개선되지 않고 있다.

<PD가 사라졌다!>는 데이터 매니지먼트를 철저하게 NETFLIX 오리지널 콘텐츠의 제작 규격에 맞추어 진행하였다. 백업 전문 소프트웨어인 Pomport의 SILVERSTACK으로 메타데이터를 유지하며 MD5 Checksum 후 데이터를 3개의 카피본으로 백업했다. 또한, DIT가 매회 녹화마다 사용되는 모든 카메라와 동시녹음 믹서에 타임코드 제너레이터를 부착하여 카메라와 동시녹음 파일의 동기화를 진행하였고, 현장에서 바로 오프라인 편집을 위한 편집용 프록시의 변환도 수행하였다. <PD가 사라졌다!>는 1회분 녹화마다 4K 촬영 원본 용량이 약 90TB가 생성되었고, 2회분 녹화를 통해 총 190TB의 OCF(Original Camera Footage)를 확보하였다. 편집실로 전달된 동일한 메타데이터를 갖고 있는 편집용 프록시 데이터는 2회분 녹화를 통해 약 40TB가 생성되었으며 편집실로 안전하게 딜리버리되어 원활한 후반 작업을 진행할 수 있었다.

[그림 1-50] 〈PD가 사라졌다!〉 HDR 색 보정 작업

<PD가 사라졌다!>는 DIT팀과 DI실이 동일한 업체였는데 이러한 세팅의 장점은 데이터가 두 번 복사되어 있지 않아도 된다는 점이다. 두 업체가 다를 경우 원본 데이터를 두 군데에 복사해 두어야 하지만, 동일한 업체일 경우 하나의 서버에만 두어도 되었다. 물론 이 경우에도 별도의 외장하드 백업본은 반드시 유지하고 있는 상태이다. 또한 DI실에서는 VFX 작업을 위해 편집실의 요청에 따라 VFX/GFX 작업을 위한 플레이트 변환을 해주었는데 이때 턴오버되는 플레이트들은 모두 NETFLIX 오리지널 제작 시 지켜지는 규격(3840×2160, 16bit EXR, ACES AP0)과 동일하게 진행했다. 전문적인 DIT와의 작업은 늘 안전한 데이터 관리를 보장할 수 있으며, 작품의 품질을 유지하는 데 필수 요소가 된다.

인공지능이 PD가 되는 날이 진짜 올까?

필자는 위에서 언급한 <PD가 사라졌다!> 프로그램을 기획하고 제작한 프로듀서이다. 총괄 프로듀싱을 담당한 핵심 인력으로서 최초 기획 당시의 생성형 AI 기술과 현재의 기술 수준을 비교해 보면 그 차이가 어마어마하다. <PD가 사라졌다!>의 최초 기획은 2023년 3월이고 제작 완료 후 방송 송출은 2024년 2월 말이었다. 기획부터 방송까지 지난 1년간의 생성형 AI 발전 속도와 지금 이 글을 쓰는 시점인 2024년 여름을 기준으로 올해까지 불과 6개월간의 발전 속도를 비교해 보면 그 속도가 상상을 초월한다. 특히, 비디오를 생성하는 생성형 AI 도구들이 등장하면서 생성형 AI 기술 발전 속도는 어제와 오늘이 다를 정도이다.

<PD가 사라졌다!>의 핵심 기술은 생성형 AI 중에서 LLM 모델인 ChatGPT였다. 인간과 ChatGPT 간의 인터랙션이 출연자와 PD 간의 인터랙션으로 대체될 수 있을 것이란 생각에서 출발한 기획이었기 때문이다. 생성형 AI인 가상인간 PD '엠파고'와 출연자들과의 실시간 의사소통이 핵심이었기에 가상인간으로 구현되는 '엠파고'의 모습도 실시간으로 구현되는 것이 매우 중요했다. 하지만 ChatGPT는 아직 인간만큼의 효율적인 의사 결정이나 리더십을 보이지 못했으며, 가상인간으로 구현된 '엠파고'는 실재감을 전달해 줄 만큼 정교한 이미지로 구현되지 못했다.

〈PD가 사라졌다!〉에 활용된 생성형 AI의 한계점

<PD가 사라졌다!>의 총괄 프로듀서로서 제작 이후 아쉬움이 남는 부분은 한 두 가지가 아니다. 촬영감독 출신의 프로듀서로서 내세울 수 있는 장점은 아무나 쉽게 구현할 수 없는 비주얼을 훌륭하게 구현해 낸다는 점이다. 그런 측면에서 전 작품들은 모두 성공적이었다.

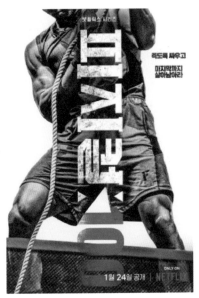

[그림 1-51] 〈먹보와 털보〉와 〈피지컬: 100〉

(출처: 넷플릭스)

NETFLIX 오리지널 콘텐츠 <먹보와 털보>에서 시청자가 실제 여행지에 와 있는 듯한 느낌을 가질 수 있도록 초고화질 실감 영상을 만들어냈던 것이 그러했고, <피지컬:100>에서 드라마틱한 스토리텔링을 뒷받침해 주는 시네마틱 영상을 구현했던 것이 그러했다. 하지만 <PD가 사라졌다!>에서 가장 아쉬웠던 점은 가상인간 '엠파고'의 비주얼 구현부터 만족스러운 수준이 아니었다는 점이다. '엠파고'는 실시간 대화를 구현하는 것에만 집중한 나머지, 세트장에서 실제 출연자들과 실물로 접하게 될 '엠파고' 자체의 비주얼 완성도를 높이는 것에는 소홀했다. 그 결과, 출연자들은 '엠파고'를 있는 그대로의 인공지능으로만 인식하는 경향이 있었다. 제작진이 기대했던 인간과 컴퓨터 간의 상호작용은 크게 일어나지 않았다. 총괄 프로듀서로서 가상인간의 비주얼을 좀 더 실감 나게 구현하는 것이 중요하다는 것을 느끼게 되었고, 현재도 다수의 프로젝트에 참여하면서 방법을 찾기 위한 노력을 하고 있다.

생성형 AI와 영상 제작

2024년 상반기를 기점으로 생성형 AI가 만들어내는 비디오가 큰 이슈가 되고 있다. 특히, ChatGPT 개발사인 미국의 오픈AI가 2024년 2월 15일에 공개한 인공지능 서비스 'SORA'는 간단한 명령어만 입력하면 고화질의 동영상을 만들어주는 획기적인 동영상 제작 시스템을 선보였다. 이미 메타와 구글, 스타트업 런웨이AI 등도 '텍스트 투 비디오(Text to Video)' 모델을 개발하였으나, 'SORA'의 영상 공개는 경쟁사뿐만 아니라 영상 업계의 모든 사람들을 동시에 긴장하게 만들기에 충분했다.

[그림 1-52] SORA 생성 영상 캡처 Prompt:
Tour of an art gallery with many beautiful works of art in different styles

(출처: openai.com/index/sora)

올해 2월 공개 이후 'SORA'는 해당 서비스를 일부 베타테스터에게만 공개하고 안정성 여부를 평가하는 등 잠시 숨을 고르고 있는 모양새다. 그러는 사이, 다른 생성형 AI 경쟁사들은 하루가 멀다 하고 앞다퉈 생성형 AI 동영상 서비스를 선보이고 있다. 미국 실리콘밸리의 스타트업 루마AI는 올해 6월 '루마드림머신 Luma Dream Machine'이라는 생성형 AI 동영상 서비스를 출시했으며, 이후 일주일 만에 또다시 스타트업 런웨이가 생성형 AI 모델 'Gen-3'를 공개했다. 'Gen-3'는 기존 런웨이사의 'Gen-2'의 업그레이드 모델이지만, 사실상 완전히 다른 모델이나 다름없을 만큼 혁신적인 개선이 이뤄졌으며 생성되는 동영상의 품질 또한 매우 좋아졌다.

[그림 1-53] Luma Dream Machine 메인 페이지

구글도 Full HD 영상을 만들어주는 생성형 AI 플랫폼 '비오'를 5월에 출시했으며, 중국에서는 틱톡 경쟁사인 콰이쇼우가 6월 초에 '클링'이라는 생성형 AI 동영상 서비스를 공개했다. '클링'이 공개한 영상에서는 국수를 먹는 남자의 표정과 움직임, 국수 면발이 흔들리는 모습 등이 생생하게 묘사되었다.

영화 연출을 전공하고 프로듀싱과 촬영을 하는 입장에서 생성된 영상을 보고 처음에는 그냥 기존에 있던 영상에 CG 몇 가지를 더한 줄 알았다. 하지만 생성형 인공지능 영상 생성 메커니즘을 알게 된 이후에는 보다 적극적으로 인공지능이 생성한 영상을 어디에 쓸 수 있을지를 고민하게 된다. 한 컷의 영상을 만들더라도 최소 100명 이상의 인력이 붙어야 만들 수 있는 컷을 1~2분 만에 텍스트 몇 줄로 뽑아낸다면, 그리고 앞으로 이 기술이 더 발전한다면 무조건 사용할 수밖에 없을 것이기 때문이다.

[그림 1-54] Luma Dream Machine 활용 사례

생성형 AI 영상 제작은 앞으로 많은 투자자들의 이목을 집중시킬 것으로 보인다. 왜냐하면, 2D/3D 그래픽으로 구현할 경우 막대한 비용이 들던 특수효과나 애니메이션을 생성형 AI를 이용하면 저렴한 비용으로 제작할 수 있기 때문이다. 이러한 솔루션은 영화, 애니메이션, 드라마 영상 제작에서 매우 빠르게 확산될 수

있다. 이미 생성형 AI만을 활용하여 영화를 제작하고 광고를 제작하는 것이 가능해졌다.

2024년 2월에 개최된 제1회 두바이 국제 AI 영화제에서 대상을 차지한 권한슬 감독의 단편영화 <원 모어 펌킨>이나 글로벌 광고대행사 이노션과 현대자동차가 제작한 생성형 AI 숏필름 광고는 이미 현실이 되었다. 생성형 AI 동영상 제작은 영상 업계뿐만 아니라 게임 산업, 교육 산업에도 손쉽게 활용될 것이 예상된다. 적은 비용으로 높은 품질의 결과를 가져갈 수 있다는 것은 시장경제 논리의 핵심이다. 생성형 AI 영상 제작이 방송, 영화, 광고 가릴 것 없이 모든 영상 산업의 판도를 바꿀 것은 자명한 일이다. 이제는 두려워할 때가 아니라 이용하고 활용할 때가 된 것이다.

　필자는 미래의 미디어 산업이 요구하는 리소스는 반드시 '멀티플레이어'가 될 것이라고 믿는다. '멀티플레이어'의 사전적 의미를 찾아보면, 한 가지가 아닌 여러 가지 분야에 대한 지식과 능력을 갖추고 있는 사람이라고 나와 있다. 그리고 예문으로는 '요즘에는 한 가지만 잘해서는 먹고살기 힘들다며 모두들 멀티플레이어가 되어야 한다고 난리이다'라는 예문이 사용된다. 필자는 이것이 정답이라고 생각한다. 지금은 신기술이 트렌드를 이끄는 시대이기 때문이다. 기술을 이해하고 받아들이고 활용하는 사람만이 트렌드를 앞서갈 수 있으며 남들과 다른 결과물을 도출해 낼 수 있다.

[그림 1-55] 영화감독, 프로듀서, 촬영감독으로 멀티플레이어 역할

　필자가 촬영감독이지만 프로듀서를 하고 영화감독을 하며, 끊임없이 신기술을 이해하려고 공부하는 것도 변화하는 기술 환경에서 결국 살아남기 위해서이

다. 본업으로 돌아와서 촬영감독으로서의 필자를 생각해 보았다. 생성형 AI를 활용하여 방송 프로그램도 제작해 보았지만, 실제로 생성형 AI를 써본 적이 별로 없다. 생성형 AI 동영상 서비스가 미래의 판도를 바꿀 것이라 누구보다 확신하고 있지만, 정작 생성형 AI로 동영상을 만들어 본 적이 없는 것이다. 아마도 국내에 있는 촬영감독 중 대부분의 감독님들이 필자와 비슷할 것이라 생각한다. 왜냐하면 망설여지기 때문이다.

　뉴스에서 본 것처럼 정말로 촬영감독이라는 직업 자체가 사라질까 봐 두렵기도 하고, 나라도 이용하지 말아야 지나간 다른 기술들처럼 세월에 묻혀 사라지지 않을까 내심 바라기 때문이기도 하다. 하지만 모든 경험은 안 하는 것보다 하는 것이 낫다는 말이 있듯이, 생성형 AI가 촬영이라는 나의 소중한 직업을 빼앗아갈지언정 경험을 해보는 것이 낫다고 결심했다. 그리고 하나씩 하나씩 주변 사람들에게 물어가며 공부를 해보았다. 다음 이야기는 촬영감독으로서 경험해 본 진짜 생성형 AI 영상 제작 경험담이다. 필자와 같이 생성형 AI에 대한 내적 두려움을 가지신 분들에게 도움이 되길 바라면서 하나하나 풀어본다.

생성형 AI 영상 제작의 특징

생성형 AI 영상 제작의 가장 큰 특징은 의도한 대로 결과물을 뽑아내기가 쉽지 않다는 것이다. 좀 더 쉽고 재미있는 표현을 빌리자면 자식 키우는 게 내 마음처럼 되지 않듯이, 생성형 AI로 원하는 것을 만들고자 하면 보통의 품을 들여서는 어림도 없기 때문에 나름의 각오를 가지고 시작해야 한다. 생성형 AI로 영상을 제작하는 방법은 크게 2가지 방식으로 구분된다. 텍스트를 가지고 시작하는 것과 이미지를 가지고 시작하는 것이다. 이 2가지 방법은 결과물로 이미지를 만들어낼 때와 동영상을 만들어낼 때 모두 동일하게 적용된다.

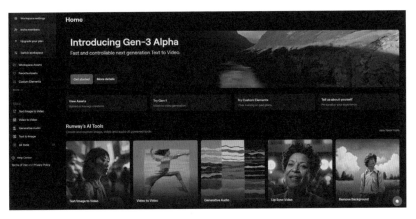

[그림 1-56] 런웨이 Gen-3 Alpha 인터페이스

(출처: app.runwayml.com)

- Text to Image: 텍스트를 이미지로 생성
- Image to Image: 이미지를 다른 형태의 이미지로 생성
- Text to Video: 텍스트를 동영상으로 생성
- Image to Video: 이미지를 다른 형태의 동영상으로 생성

결국, 시작을 텍스트로 하느냐, 이미지로 하느냐에 따라 결과물이 달라진다. 필자의 경우에는 원하는 텍스트를 육하원칙에 따라 잘 적었을 때 생성되는 결과물이 최초의 의도에 가장 만족스럽게 도출된다고 판단하고 있다. 이미지를 동영상으로 바꾸는 경우 큰 틀에서는 안정적인 결과물을 도출하기가 상대적으로 쉬운 편이지만, 생성형 AI를 이용한 영상 제작이라는 측면에서는 큰 장점이 있다고 생각되지 않았다. 왜냐하면, 생성형 AI가 창조해 낼 수 있는 부분에 한계를 주는 것 같았기 때문이다. Text to Video와 Image to Video는 따로 구분해서 봐야 하는 개념인 것 같다. 물론 이러한 부분은 필자의 의견일 뿐, 독자가 직접 생성형 AI를 이용하여 생성 작업을 해보면서 느껴야 하는 부분이다.

생성형 AI를 활용하여 영상 제작을 시작할 때 먼저 알아야 할 개념들을 정리해 보았다.

1) Model(모델)

생성형 AI에서 언어(글자), 이미지, 비디오 등을 생성할 수 있도록 사전에 데이터들이 학습된 파일을 말한다. 쉽게 말하면, 생성하고자 하는 수많은 데이터를 압축해서 컴퓨터가 이해하는 방식으로 저장해 둔 파일이라고 볼 수 있다. 예를 들어, 같은 생성형 AI 솔루션이라 하더라도 모델이 다르면 완전히 다른 결과물이 나온다. 생성형 AI 동영상 서비스 중에서 Midjourney는 버전1부터 버전6까지 모델이 나와 있으며, Runway GEN은 Gen-2와 Gen-3의 모델이 있다. 보통 모델의 버전이 높을수록 더 좋은 결과물이 만들어진다. Stable Diffusion은 오픈 소스인 만큼 수많은 학습 모델과 파생 모델이 존재한다.

2) LLM(Large Language Model; 거대 언어 모델)

대량의 인간 언어를 이해하고 생성할 수 있도록 학습된 생성형 AI 모델이다. 딥러닝 알고리즘과 통계 모델링을 바탕으로 자연어 처리 작업에 활용된다. 대규모 언어 데이터를 학습하여 문장 구조, 문법, 의미 등을 파악하고 자연스러운 대화 형태로 상호작용이 가능하다는 특징이 있으며, 콘텐츠 패턴을 학습하여 추론 결과로 새로운 콘텐츠를 생성할 수 있다. 오픈AI의 ChatGPT, 메타의 LLaMA, 앤트로픽의 Claude 등이 있다.

3) Prompt(프롬프트)

컴퓨터에게 생성하고자 하는 이미지나 비디오를 설명하는 문장이라고 생각하면 쉽다. 다양한 프로그램이나 솔루션마다 각각 다른 문법을 가지고 있지만, 모든 프롬프트에는 일반적으로 가장 앞에 먼저 사용되는 단어가 강조되는 경향이 있다. 대부분 영어만을 지원하며, 한글로 원하는 문장을 입력하기 어려운 경우에는 번역기를 사용하는 것이 좋다. 프롬프트는 텍스트뿐만 아니라 이미지를 사용하는 경우도 있다(레퍼런스 활용).

4) Seed(시드)

생성형 AI의 랜덤한 시작점이라고 생각하면 된다. 모든 생성형 AI는 프롬프트를 완벽하게 같은 조건으로 동일하게 입력하더라도 항상 다른 결과가 나오게 된다. 그 이유는 시드값이 다르기 때문이다. 시드란 단어 뜻 그대로 씨앗의 의미이며, 씨앗이 다르면 동일한 환경과 조건임에도 나오는 결과물이 달라지듯이 생성형 AI도 다른 결과물을 갖는다. 일반적으로는 모든 생성형 AI의 영상 생성은 랜덤하게 시드가 변하지만, 어떤 프로그램이나 솔루션은 수동으로 시드를 고정할 수도 있다.

5) Weight(가중치)

프롬프트를 입력하는 단어의 중요성을 수치화한 정도를 말한다. 가중치가 높을수록 해당 단어의 구현 우선도가 높아진다. 가중치는 모든 생성형 AI가 지원하는 것은 아니다. Luma와 Gen에는 가중치가 없고, Midjourney와 Stable Diffusion에는 각각 문법으로 지원하고 있다. 기본적인 가중치의 원리는 A, B, C로 이루어진 문장에서 A의 가중치를 높이면, B와 C의 가중치가 상대적으로 내려가는 원리이다. 가중치가 마이너스(-)의 경우에는 부정 프롬프트와 같은 역할을 한다.

6) Quota(쿼타)

생성형 AI 서비스에서 제한하는 생성 할당량을 말한다. 유료 버전의 생성형 AI 서비스는 모두 할당량이 정해져 있다. Midjourney는 생성에 소요되는 시간으로 할당량을 제한하며, Luma와 Gen은 생성하는 횟수로 할당량을 제한한다.

생성형 AI의 기본 프롬프트 작성 방법

현재까지 나와 있는 모든 생성형 AI 영상 제작 서비스마다 프롬프트를 입력하는 방법에 조금씩 차이가 있다. 하지만 기본적인 원칙은 동일하다는 것을 알 수 있는데, 공통적으로 해당되는 부분을 알기 쉽게 정리하면 다음과 같다.

① 생성하려고 하는 가장 중요한 개념을 맨 앞에 둔다.

생성형 AI를 통해 생성하고자 하는 것을 두괄식으로 설명한다. 가장 원하는 것을 맨 처음에 둔다는 의도로 설명하면 좋다.

② 큰 개념에서 작은 개념 순서로 설명한다.

예를 들어, 생성하고자 하는 것이 사과라면 프롬프트는 사과에서 빨갛게 반짝이는 사과로, 반짝이는 빨간 사과가 푸른 하늘 위를 날고 있다는 순서로 설명한다.

> **프롬프트**
> 빨갛게 반짝이는 사과로 반짝이는 빨간 사과가 푸른 하늘 위를 날고 있다.

'주제 단어', '주 설명 문장', '부연 설명 또는 연출'의 순서로 설명한다.

- 설명이 상세하면 좋지만, 너무 긴 설명은 나쁜 결과로 이어진다.
  한 번에 만들어야 할 개념이 너무 많아지면, 생성형 AI는 힘들어한다.

- 충돌하기 쉬운 개념들의 사용을 지양한다.

유사한 색상이나 비슷한 물건과 스타일, 형체 등은 중복해서 설명하지 않는다. 예를 들어, 오렌지색의 노란 봉투라든가, 아이폰 모양의 태블릿 PC 등은 개념의 혼란을 가져와 원하는 이미지를 얻지 못한다.

- 추상적인 설명은 피하고, 직접적인 개념을 사용한다.

예쁘다, 아름답다, 미적이다, 칙칙하다, 화사하다 등의 추상적인 설명보다는 다양한 색상의, 밝은, 대칭인, 정사각형의 등의 구체적인 개념을 직접적으로 설명하는 것이 원하는 결과물을 얻기 쉽다.

- 레퍼런스 이미지를 잘 활용한다.

프롬프트는 반드시 텍스트로만 할 이유가 없다. 원하는 이미지를 표현할 수 있는 레퍼런스 이미지가 있다면 적극 활용하는 것이 좋다. 사람도 텍스트로만 설명하는 것보다 레퍼런스 이미지로 설명하면 이해가 빠르듯이 컴퓨터도 동일하다. 아이들에게 설명하듯이 직관적이고 자세하게 설명한다.

- 용도와 스타일을 명확하게 설명한다.

단순하게 막연한 결과물을 생성하려고 하는 것보다 용도에 맞는 스타일을 정확하게 설명하는 것이 좋은 결과물을 얻기 수월하다. 용도에 맞는 스타일이라 함은 영화 포스터, 잡지 화보, 웹 광고 등 각 용도에 맞게 기존에 활용되는 스타일을 말한다.

- (가장 중요) 무조건 많이 생성해 보는 사람이 원하는 결과물도 많이 얻는다.

  사실 이게 진리다. 그나마 다행스러운 것은 생성형 인공지능 플랫폼의 버전 업
  이 빠르게 이루어지고 있다는 점이다. 많이 생성해 보는 수고를 덜게 될 가능성
  이 크다.

이미지 생성형 AI, Midjourney

생성형 AI로 영상을 제작하기 위해 가장 먼저 접근하게 되는 솔루션은 생성형 AI로 이미지를 생성할 수 있는 미드저니Midjourney이다. 미드저니는 가입부터 이미지 생성과 편집까지 모든 작업이 디스코드Discord 서버에서 이뤄진다. 미드저니의 알파 웹 버전의 테스트가 진행 중이며, 디스코드에서 사용하던 프롬프트를 그대로 사용할 수 있다. 모든 이용은 유료 구독을 통해서 이뤄지며, 1개월에 $10 구독이 가장 저렴하다. 미드저니는 사용자가 작업한 결과물이 항상 공개되며 누구나 작업 결과물을 볼 수 있고 다운로드 받을 수 있다. 디스코드에서 개인 서버를 사용하더라도 작업 결과물은 모두에게 공개된다. 비공개 모드인 스텔스 모드도 사용할 수 있으나, 1개월에 $60 또는 $120의 이용료를 지불해야 한다.

1) 프롬프트 사용의 기초

위에서 설명한 기본 프롬프트 방법을 기준으로 가장 앞에 중요한 개념을 넣는 것이 좋으며, 미드저니의 특성상 스타일을 지정하는 것이 훨씬 효과적이다. 예를 들어, Image of, Scene of, Photo of, Anime Scene of 등의 스타일과 주제를 먼저 입력하고, 다음에 주 설명 문장으로 구현하고자 하는 이미지를 설명하면 된다. 마지막에는 부연 설명이나 연출적인 면을 문장으로 설명한다. 프롬프트의 설명이 자세할수록 내가 의도한 이미지에 가장 가깝게 나온다.

- Image of a rowboat, under a starry night sky, with the boat illuminated by soft moonlight

- Image of a rowboat

- Image of a rowboat, under a starry night sky, with the boat illuminated by soft moonlight. 4K, soft glow highlighting the edges, dreamscape portaiture scale, ultracolours

[그림 1-57] 미드저니 이미지 생성 결과물

2) 고급 프롬프트 활용 방법

생성형 AI는 보통 not 또는 don`t와 같은 부정형 의미를 정확히 이해하지 못한다. 사람에게 "노란색 펭귄을 생각하지 마"라고 말하면 생각하기 싫어도 머릿속에서 생각이 나는 것과 같다. 따라서, 생성하기 싫은 개념은 네거티브 프롬프트 Negative Prompt를 이용하여 생성 시 의도적으로 제거하는 것이 좋다. 모든 프롬프트의 뒷부분에 '--no'를 입력하고 한 칸 띄어쓰기 후, 부정하고자 하는 개념을 적는다. 네거티브 프롬프트 사용으로 제거할 수 있는 개념은 물체뿐 아니라 색상, 스타일, 연출 등 모든 것이 가능하다.

다음은 Rose on bush에서 Rose on bush 네거티브 프롬프트로 no red를 추가하여 생성한 이미지를 보여준다.

[그림 1-58] 붉은색 제거 전후 Rose on bush → Rose on bush --no red

　모든 프롬프트는 비슷한 정도의 중요성을 가진다. 따라서, 모든 문장이 1의 중요도라고 한다면, 각 단어마다 비중을 나눠 갖는 방식이다. 하지만 이 경우에도 맨 앞에 입력되는 개념이 가장 중요하다. 이러한 특성으로 프롬프트가 길어질 경우 원하는 개념을 구현하기 어렵기에 이때 가중치(weight)를 사용하면 좋다.

　가중치(weight)를 주고 싶은 단어의 뒤에 ':'을 입력한 후 숫자를 작성한다. '::2', '::3' 등의 형식으로 입력하며 음수(-)로 입력하면 '--no'와 동일한 효과를 보인다. 다음은 프롬프트로 Apple tree sculpture와 Apple::3 tree sculpture를 생성한 예시다.

[그림 1-59] Apple tree sculpture

[그림 1-60] 3 tree sculpture

'::'은 개념을 분리하는 기능으로도 사용할 수 있는데, Fire Fighter는 소방관이라는 의미이지만, Fire::Fighter는 불과 파이터를 분리하여 인식하므로 다른 이미지를 생성한다. 다음은 프롬프트로 Fire Fighter와 Fire::500 Fighter를 생성한 예시다.

[그림 1-61] Fire Fighter

[그림 1-62] Fire::500 Fighter

그러나 가중치(weight)를 너무 높이면, 이미지가 불안정하게 구현되며 원하는 의도대로 안 나올 확률이 높다.

3) 이미지 생성 프롬프트 입력 방법

Midjourney의 프롬프트에는 텍스트 외에도 레퍼런스 이미지를 사용할 수 있다. 텍스트만으로 원하는 이미지를 생성하기 어렵거나 원하는 스타일 또는 연출에서 특정한 것이 있다면, 레퍼런스 이미지를 활용하는 것이 효과적이다. 이미지 프롬프트에는 크게 일반 이미지 레퍼런스와 스타일 이미지 레퍼런스, 캐릭터 이미지 레퍼런스의 3가지 방법이 있다. 레퍼런스 이미지를 입력한 후에 텍스트 프롬프트를 아무것도 안 적으면 전혀 의도와 상관없는 새로운 이미지가 생성되니 주의가 필요하다.

[일반 이미지 레퍼런스 입력 방법]

이미지 프롬프트는 한 장의 이미지를 넣거나 두 장 이상의 여러 이미지를 넣을 수 있으며, 각 이미지 레퍼런스에 가중치를 줄 수 있다. 여러 장의 이미지 레퍼런스를 사용할 경우 두 레퍼런스를 섞어서 생성한다. 이미지 프롬프트에 가중치를 넣는 방법은 프롬프트의 끝에 '--iw숫자'의 형태로 입력한다. 범위는 0.5~2이며 iw가 낮을수록 레퍼런스 이미지를 덜 참고하고, iw가 높을수록 해당 이미지의 요소를 더 많이 포함한 이미지가 생성된다. 다음은 이미지 프롬프트로 크리스마스 트리 케이크를 레퍼런스로 넣은 후에 그냥 생성과 --iw1 --iw2로 생성한 이미지다.

[그림 1-63] 이미지 프롬프트

[그림 1-64] 그냥 생성

[그림 1-65] 이미지 프롬프트--iw1

[그림 1-66] 이미지 프롬프트--iw2

　레퍼런스 이미지를 사용할 때, 해당 이미지에 있는 워터마크나 레터박스 등의 도와 관련 없는 특정 표시가 있다면 제거하고 사용하는 것을 권장한다. 생성형 AI는 모든 것을 참고하기 때문에 워터마크도 구현될 수 있다.

[스타일 레퍼런스 입력 방법]

스타일 레퍼런스는 원하는 스타일의 아트워크를 구현하는 용도로 사용하면 좋다. 기본적으로 프롬프트는 아무리 완벽하게 동일하게 입력하더라도 모델과 시드의 다름으로 인해 같은 스타일의 콘티뉴이티를 맞추는 것이 불가능하다. 이러한 한계를 극복하기 위해 적용된 기능으로 스타일 레퍼런스를 입력할 경우 해당 스타일을 최대한 구현해 준다. 이미지를 업로드한 후 클립 모양의 버튼을 클릭하여 텍스트 프롬프트를 생성한다. 프롬프트의 맨 뒤에서 '--sw숫자'의 형태로 가중치를 조정할 수 있다. 가중치의 최대 가능 범위는 0~1,000까지이다.

[그림 1-67] 스타일 레퍼런스   [그림 1-68] --sw50   [그림 1-69] --sw1000

[캐릭터 레퍼런스 프롬프트 입력 방법]

일관적인 캐릭터와 인물을 구현하는 용도로 사용하며, 스타일 레퍼런스와 마찬가지로 이미지를 업로드한 후 사람 모양의 버튼을 클릭하여 텍스트 프롬프트를 생성한다. 캐릭터 레퍼런스를 사용할 때 주의할 점은 최대한 다양한 각도와 다양한 조명, 다양한 상태의 인물 이미지를 넣어줘야 비슷한 구현이 가능하다는 점이다. 초상권 문제로 제한을 걸어둔 것인지 완벽하게 동일한 캐릭터로는 절대 생성되지 않는다.

가중치를 부여할 수 있으며, 프롬프트의 맨 뒤에 '--cw숫자'의 형태로 입력하면 된다. 기본값은 100이며 0~100 사이의 가중치를 사용하면 된다. 가중치가 높을수록 레퍼런스로 넣은 캐릭터와 의상, 헤어, 메이크업 등까지 유사하게 만들어 고착화되는 현상이 있으니, 적정한 가중치를 사용하는 것이 좋다.

[그림 1-70] 캐릭터 이미지 레퍼런스

[그림 1-71] 그냥 생성

[그림 1-72] --cw100

[그림 1-73] --cw50

[생성 후 작업을 위한 프롬프트 입력 방법]

Midjourney는 한번 생성할 때 4장의 이미지를 만들어낸다. 이 4장의 이미지는 유사한 톤과 매너를 가지고 있다. 사용자가 이 중에서 어떤 특정한 부분만 수정을 하고 싶을 때 추가로 후반에서 작업할 수 있는 부분은 5가지 정도가 있다. Vray, Upscale, Rerun, Reframe, Repaint이다.

Vary는 느낌은 좋은데 베리에이션만 더 주고 싶을 때 사용한다. 거의 그대로 두거나, 강하게 베리에이션을 주는 메뉴 2가지가 있다(Subtle/Strong).

Upscale도 마찬가지로 거의 그대로 두거나, 약간 변경하면서 해상도를 올리는 메뉴 2가지가 있다(Subtle/Creative).

Rerun은 프롬프트나 옵션은 유지하고 다시 돌리고 싶은 경우에 사용한다. Reframe은 결과물보다 와이드한 앵글로 변경하거나 상하좌우 일부분을 확장 또는 종횡비(가로/세로)를 바꾸고 싶을 때 사용한다. Center 메뉴는 기존 이미지는 가운데 두고 양옆 혹은 위아래를 확장하는 기능이며, Start/End 메뉴는 각각 기존 이미지를 시작점/끝점에 두고 반대를 확장하는 기능이다. Zoom 메뉴는 줌 배율을 통해 확장하는 개념으로 상하좌우를 한 번에 확장할 수 있다.

Repaint는 일반적으로 다른 생성형 AI 프로그램에서 Inpaint라고 부르는 기능으로, 원하는 영역만 마스킹하여 해당 부분만 다시 만드는 작업이다. 박스나 올가미 도구를 이용하여 수정을 원하는 영역을 원본 이미지에 그리고 해당 부분을 수정하고 싶은 프롬프트를 다시 작성하면 된다.

[그림 1-74] 박스나 올가미 도구를 이용하여 수정하는 장면

[옵션을 활용하는 프롬프트 입력 방법]

프롬프트 입력창에 직접 입력하는 프롬프트 외에 이미지 생성에 크게 관여하는 Aesthetics 옵션은 따로 있다. Stylization, Weirdness, Variety로 총 3가지이다. Stylization은 Midjourney 모델의 창의력을 조정할 수 있는 옵션으로 커질수록 생성형 AI가 마음대로 만들지만, 예쁘고 품질 높은 결과가 나올 확률이 높다. 반면, 작으면 작을수록 생성형 AI가 사용자의 프롬프트에 충실하게 구현하려고 한다. Weirdness는 독창성과 이상함을 조정하는 옵션으로 커질수록 색다르고 독특한 이미지가 나올 확률이 높으며, 작을수록 안정적인 이미지가 생성된다. Variety는 이미지 생성 시 각 4장의 이미지를 만드는 다양성을 조정하는 옵션으로 기본으로 둘 경우 4장의 이미지가 유사한 무드를 가지지만, 옵션이 커질수록 4장의 이미지가 별개의 이미지가 된다.

[그림 1-75] Aesthetics 옵션 비교 1

[그림 1-76] Aesthetics 옵션 비교 2

미드저니는 모든 생성형 AI 이미지 생성 시 결과물과 프롬프트가 공개된다. 다른 사람의 이미지 생성 작업 결과물이 마음에 드는 경우 프롬프트를 찾아볼 수 있으며, 이미지 레퍼런스로 바로 사용할 수도 있다. 하지만 이 경우에도 결코 같은 이미지가 생성되지는 않는다.

이미지 생성의 기본 프로그램이라 할 수 있는 미드저니를 사용해 본 결과, 모든 프롬프트의 기본 방향은 유사한 것을 확인할 수 있었다. 결국, 사용자가 원하는 이미지를 명확하게 확보하고 싶다면, 생성형 AI가 이해할 수 있는 언어와 문법을 사용자도 정확하게 이해하는 것이 중요하다. 이는 생성형 AI를 활용한 동영상 생성 시에도 동일하게 적용됨을 알 수 있다.

동영상 생성형 AI, Runway GEN

2024년 2월 오픈AI가 론칭한 동영상 생성형 AI SORA가 일반에는 서비스를 공개하지 않고 베타테스터들에게만 일부 공개하였을 때, 런웨이 젠Runway Gen은 Gen-2를 모든 사용자에게 공개하며 많은 영상 제작자와 관련 일반 사람들에게 선풍적인 주목을 끌었다. 이후, Kling, Luma 등 강력한 생성형 AI 플랫폼이 등장하자 Runway는 곧바로 Gen-3를 공개하였다. Gen-3는 이제까지 보여줬던 동영상 생성형 AI와는 달랐으며, 완전 새로운 도구처럼 보였다. 지금까지 공개된 생성형 AI 중 Gen-3만큼 직관적인 성능을 가진 생성형 AI는 없었기 때문이다.

일각에서는 Gen-3나 Luma가 강력한 성능을 보여주며 시장을 먼저 장악하고 있기 때문에 오픈AI의 SORA는 이대로 일반에 공개하지 못하고 사라질 수 있다는 의견도 있다. 하지만 동영상 생성형 AI 경쟁에서 마지막에 누가 웃을지는 아직 알 수 없다. 왜냐하면 SORA는 Gen-3, Luma, Kling과는 동영상을 생성하는 방식이 완전히 다르기 때문이다. Gen-3, Luma, Kling은 기본적으로 텍스트를 이미지로 생성하고 또 그 이미지를 동영상으로 생성하는 방식을 사용하지만, SORA는 텍스트에서 바로 동영상으로 만들어지는 방식이다. 이러한 방식의 차이는 결국 최종 결과물의 품질 차이를 극명하게 나눌 수 있다. 아직까지 SORA가 일반에 서비스를 공개하지 못하는 이유가 동영상 생성 작업이 워낙 무겁기 때문이라는 소문이 있는데, 그 소문이 사실이라면 SORA는 상상하기 힘든 수준의 컴퓨팅 장비를 구축하고 있다는 얘기가 된다.

[그림 1-77] Runway GEN에서 이미지로 영상을 생성하는 모습

그렇다면 SORA는 Gen-3, Luma, Kling이 따라갈 수 있는 수준이 아닐 확률이 높다. 하지만 이런 내용은 여전히 소문일 뿐, SORA가 일반에 서비스를 공개하기 전까지는 여전히 동영상 생성형 AI의 최강자는 Gen-3임을 부정할 수 없다.

Gen-2와 Gen-3의 비교

Gen-2와 Gen-3는 같은 회사인 Runway가 개발한 모델이나 버전 차이가 너무 커서 그런지 서로 다른 모델이라고 봐도 무방할 것 같다. Gen-3는 아직 알파 단계여서 Gen-2에는 있지만 Gen-3에 없는 기능이 존재하는데, 추후 Gen-2의 모든 기능을 지원할 것으로 예상된다.

Gen-2의 장점으로는 이미지 프롬프트 입력이 가능하고, 프롬프트를 향상(인핸스)할 수 있는 기능과 인터폴레이션 기능이 있다는 것이다. 또한, UI를 통한 카메라 컨트롤 기능이 매우 세밀하여 정교한 영상을 얻어내는 것이 수월하고, 모션 브러시 기능을 통해 선택 영역의 움직임을 지정할 수 있어서 사용자가 좀 더 창의적인 동영상을 제작할 수 있다. 다양한 스타일을 프리셋으로 저장하여 사용할 수 있는데, 이는 생성하는 동영상의 콘티뉴이티를 유지하는 데 큰 도움이 된다. 단점으로는 낮은 퀄리티의 해상도와 정적인 움직임밖에 표현하지 못하는 점, 가끔 어색한 영상 구현이 반복된다는 점이 있다.

반면에 Gen-3는 Gen-2의 단점을 완벽히 개선해 냈다. Gen-3는 Gen-2에 비해서 압도적으로 높은 퀄리티와 사실성의 구현이 가능해졌다. 또한, Gen-3는 인터폴레이션 없이도 자연스러운 24fps의 영상을 구현하고 있으며, 기본적으로 720p의 해상도를 지원하여 업스케일 없이도 HD 수준의 준수한 영상 품질을 보여준다. 기존 Gen-2에서는 기본적으로 8fps의 동영상만 생성해 주고, 그 결과물의 화질은 인터폴레이션 작업을 통해 높여야만 했다. Gen-3도 단점은 있다. 바로 Gen-2에서는 쉽게 지원되던 이미지 프롬프트 기능이 없고, UI를 통한 카메라 컨트롤이 불가능하며, 모션 브러시 기능도 지원하지 않는다는 점이다. 또한, 상대적으로 어려워진 프롬프트 입력 문법은 처음 사용하는 사용자를 난감하게 만드는 요인이 되기도 한다.

Text to Video, Runway가 공식적으로 추천하는 Gen-2의 프롬프트 방법은 다음과 같다.

[스타일/미학/기타 설명]

Runway는 문장보다 단어를 기반으로 생성하는 것을 추천하고 있으며 다음과 같은 공식 프롬프트 Tip을 제공하고 있다.

Masterpiece, Classic, Cinematic과 같은 프롬프트는 영상의 퀄리티를 높인다.

Cinematic Action, Flying, Speeding, Running과 같은 프롬프트는 역동적인 영상이 되도록 만든다.

카메라 각도, 렌즈 유형, 카메라 움직임 등 촬영과 관련된 전문 용어들을 사용하면 훨씬 결과물이 좋게 나온다. 예를 들어, Full Shot, Close Up, Macro Lens, Wide Lens, Slow Pan, Zoom In/Out 등을 사용하면 잘 반영이 되는 편이다.

하지만 Gen-2 역시 프롬프트를 통한 결과물 도출은 우수한 반면, 사용자가 원하는 동영상을 최대한 가깝게 생성하는 데에는 여전히 무리가 있다. 따라서, 여전히 원하는 의도를 최대한 구체적으로 표현하고 최대한 많은 결과물들을 뽑아보는 것이 매우 중요하다.

Gen-2도 마찬가지로 Image to Video를 권장한다. 한번 동영상을 생성할 때 3~5분 정도 소요되기 때문에 원하지 않는 구도의 결과가 나올 확률을 줄이기 위해 외부 이미지 레퍼런스를 사용하는 것을 추천한다.

Gen-2의 최대 강점은 카메라 워크에 대한 정보가 충실하게 학습되어 있다는 점이다. UI를 통한 카메라 움직임을 지정할 수 있다는 것은 사용자가 의도대로 영상을 생성할 수 있는 매우 큰 장점이다.

Horizontal: 카메라 전체가 가로 방향(좌우)으로 움직임

Pan: 카메라가 3D 공간 제자리에서 좌우로 고개를 돌림

Zoom: 카메라가 앞뒤로 움직임 혹은 확대/축소

Vertical: 카메라 전체가 세로 방향(상하)으로 움직임

Tilt: 카메라가 3D 공간 제자리에서 상하로 고개를 돌림

Roll: 카메라 전체가 회전함

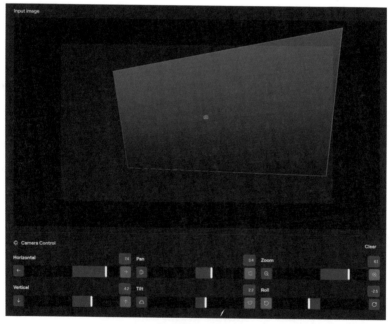

[그림 1-78] UI를 통한 카메라 움직임 지정 사례

Gen-2의 최대 강점은 Motion Brush 기능이라 할 수 있다. 이 기능은 텍스트 기반의 움직임을 설명하는 대신 요소마다 움직임을 지정할 수 있는 방법이다. 움직이고자 하는 요소를 최대 5개의 브러시로 구분하여 색칠한 후 각각 별도의 움직임을 총 4가지로 지정해 줄 수 있다.

예시   X축 방향의 Horizontal

        Y축 방향의 Vertical

        Z축 방향의 Proximity

        제자리에서 움직임의 Ambient

[그림 1-79] 별도의 움직임을 총 4가지로 지정한 사례

Gen-3는 현재 알파 버전으로 위 Gen-2가 지원하는 다양하고 좋은 기능들을 지원하지 않고 있다. 하지만 Gen-2에 비해서 엄청난 성능으로 생성되는 결과물의 품질이 너무 좋기 때문에 사용자는 Gen-3를 사용하지 않을 이유가 없다.

공식적으로 Runway에서 추천하는 Gen-3 프롬프트 구조는 다음과 같다.

[Camera Movement/Establishing Scene/Additional Details]

가장 앞부분에 카메라 움직임을 설정하게 되어 있으며, 지정 가능한 스타일과 움직임은 다음과 같다. 아래와 같은 카메라 움직임의 표현은 그동안 공개된 그 어떤 생성형 AI보다도 가장 훌륭한 것 같다. 촬영감독으로서 인간이 아닌 컴퓨터가 이토록 자연스럽고 부드러운 카메라 워크를 생성해 낸다는 것이 놀라울 따름이다. 앞으로 기술은 더 발전할 것이고, 촬영이라는 업무가 크게 축소될 것 같아 내심 걱정도 된다.

예시 다양한 카메라 움직임 표현이 가능한 키워드

카메라 앵글 Low/High Angle, Overhead/OS, FPV/Handheld

조명 효과 Diffused Lighting, Silhouette, Lens Flare

속도 효과 Dynamic, Slow, Fast Motion, Timelapse

물체 움직임 Grows, Emerges, Explodes, Warps

[그림 1-80] 카메라 앵글 Low/High Angle, Overhead/OS, FPV/Handheld

[그림 1-81] 조명 효과 Diffused Lighting, Silhouette, Lens Flare

[그림 1-82] 속도 효과 Dynamic, Slow, Fast Motion, Timelapse

[그림 1-83] 물체 움직임 Grows, Emerges, Explodes, Warps

동영상 생성형 AI, Luma Dream Machine

미국 오픈AI의 'SORA'와 중국 콰이쇼우의 '클링'이 세상에 공개되었지만, 'SORA'나 '클링'은 일반인에게 공개되지 않아 사용에 제약이 많았다. 하지만 2024년 6월 중순에 공개된 Luma AI의 'Dream Machine'은 구글 계정만 있으면 누구나 이용할 수 있는 동영상 생성형 AI 서비스이다. 일반인이 사용할 수 있는 요금제는 무료와 유료가 있는데, 무료 요금제는 월 30회까지 생성이 가능하나 상업적 이용이 불가능하도록 결과물에 워터마크가 새겨진다.

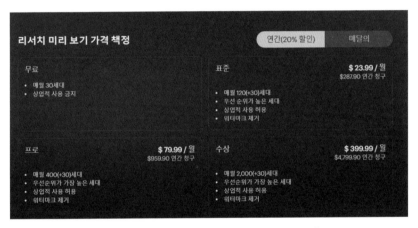

[그림 1-84] 연간 요금 정책 lumalabs.ai/dream-machine/account

상업적인 사용을 위해서는 더 높은 비용을 지불해야 하는데, 월 $29.99의 스탠더드 요금제는 월 180회까지 생성이 가능하다. 월 $99.99의 프로 요금제는 월 460회까지 생성이 가능하고, $499.99의 프리미어 요금제는 월 2,060회까지 생성할 수 있다. 가격에 따른 요금제에는 생성 횟수의 최대 제한뿐만 아니라 동영상 생성 시 우선 순위를 부여하는 차별도 두고 있다. 즉, 적은 금액의 요금제 사용자는 높은 금액의 요금제 사용자에게 생성 작업 순위를 밀리는 것이다. 무료 요금제 사용자는 유료 요금제 사용자에게 한없이 생성 작업 순위를 양보하게 된다. 아주 간단한 생성 작업을 의뢰해도 하루 종일 걸리는 이유가 여기에 있다.

1) 프롬프트 입력 방법(Text to Video)

Luma AI는 정확한 프롬프트 입력 문법을 공개하지 않고 있다. 하지만 기본적인 생성형 AI 프롬프트 입력 방식을 적용해서 생성 작업을 한다. 맨 앞의 주제 단어는 2~3개의 단어로 끝나는 가장 구현하고 싶은 요소를 표현한다. 중간의 주 설명 문장에는 1개의 완성된 문장으로 생성하고자 하는 비디오에 대한 구체적인 설명을 한다. 마지막 부연 설명 및 연출은 앞서 담지 않은 부차적인 영상에 대한 세밀한 설명을 한다.

다른 생성형 AI와 마찬가지로 Luma Dream Machine도 맨 앞에 입력한 첫 단어가 가장 중요하다. 마지막의 부연 설명 및 연출에 입력하는 프롬프트 예시로는 다음과 같은 것이 있다.

- Realistic: 사실감이 올라간다.
- Cinematic/Film: 영화 같은 느낌이 올라가고 물 빠진 색감 느낌이 구현된다. 카메라가 마음대로 움직일 가능성이 높다.
- Anime/Animation: 진짜 애니메이션 같은 느낌으로 작화되어 표현된다.
- DOF/Depth of Field: 얕은 포커스, 얕은 심도 효과
- Dynamic: 카메라 또는 물체, 피사체의 움직임이 다이내믹하게 표현된다.

[그림 1-85] Text to Video 프롬프트 입력으로 생성시킨 Luma 동영상

2) 향상된 Enhanced 프롬프트로 바꿔서 입력하는 방법

Luma Dream Machine의 프롬프트 입력창에는 Enhanced Prompt라는 선택 메뉴가 있다. 해당 선택 메뉴는 간단한 프롬프트일지라도 LLM을 통해 긴 문장을 만들어서 좋은 결과가 나올 수 있도록 하는 기능이다. 가끔 프롬프트를 어떻게 넣을지 어렵거나 복잡한 작업은 프롬프트 내용을 먼저 ChatGPT에게 물어본 후 그 대답을 가지고 동영상 생성형 AI에 사용하곤 하는데, Enhanced Prompt가 이러한 기능이다.

Enhanced Prompt는 좋은 결과로 이어지는 경우도 있으나, 대개 사용자의 의도와는 먼 결과가 나올 확률이 조금 높다. 사용자가 프롬프트 입력 방법을 잘 이해하고 있다면 Enhanced Prompt 기능을 체크하지 않는 것을 추천한다.

반면, 명확한 이미지가 아니라 대략적인 아이디어를 얻고 싶은 경우라면 Enhanced Prompt 기능을 체크하고 프롬프트를 입력하는 것을 추천한다.

3) 프롬프트 방법(Image to Video)

Luma는 Gen-2와 마찬가지로 레퍼런스 이미지를 활용하여 영상 생성을 하는 기능을 제공한다. 기존 텍스트 프롬프트 입력창에서 이미지 아이콘을 누르고 원하는 이미지를 업로드하거나 해당 프롬프트 창에 드래그 앤 드롭을 해도 된다.

여기서 주의할 점은 이미지 레퍼런스를 넣었다고 해서 아무런 텍스트 프롬프트를 넣지 않는 것이다. 생성형 AI는 만능이 아니므로 업로드한 이미지 레퍼런스에 대한 설명이 반드시 필요하다.

정상적인 입력 후에 생성된 동영상에서 물체가 사라지거나 부자연스럽게 표현되는 장면이 된다면, 이미지 레퍼런스 업로드 후 텍스트 프롬프트가 충분히 문법에 맞게 잘 입력되었는지 검토해 보길 추천한다.

[그림 1-86] 이미지 레퍼런스를 직접 입력한 프롬프트 활용 방법

4) End Frame 기능을 활용한 프롬프트 입력 방법

최근에 추가된 기능으로 Start/End Frame을 별도로 지정하는 기능이다. Image to Video에서 이미지 레퍼런스를 업로드한 후, End Frame(Optional)에 추가 이미지를 업로드하면 앞 사진과 뒤 사진을 자연스럽게 이어주는 영상으로 생성하는 기능이다. 이때에도 이미지 레퍼런스와 함께 텍스트 프롬프트는 매우 중요하다.

[그림 1-87] 이미지를 업로드하고 프롬프트를 입력하는 방식

Start/End Frame의 이미지를 통해 두 영상을 자연스럽게 이어준다는 것은 컷 전환이나 디졸브 등으로 표현될 수 있음을 말한다. 이 기능은 추가된 지 얼마 되지 않아 결과물에 대한 피드백이 없으므로 크게 사용을 권장하지는 않겠다.

[그림 1-88] Enhanced Prompt 과정에서 넣지 않는 개념들이 강조되는 경우

[그림 1-89] 프롬프트에 대한 충실도가 높은 경우

[그림 1-90] 미드저니에서 뽑은 이미지가 너무 복잡한 반면, 설명이 단조로움

[그림 1-91] 완전히 다른 2개의 이미지를 사용하여 자연스럽게 이어지지 않고 그냥 컷이 전환됨

촬영감독이 경험해 본 생성형 AI 영상 제작

지금까지 생성형 AI를 활용하여 이미지와 비디오를 제작해 본 경험을 이야기해 보았다. 앞서 언급했지만, 필자는 방송국 촬영감독이자 프로듀서이고, 영화를 연출하는 감독이다. 이 부분을 재차 언급하는 이유는 '촬영감독이 경험해 본 생성형 AI 영상 제작'이라는 것에 대한 답을 제시하기 위해서다. 생성형 AI에 큰 관심을 가지고, 직접 이미지를 생성해 보고, 동영상을 만들어 본 이유가 필자가 촬영감독이기 때문일까? 전국에 필자와 같은 수많은 촬영감독이 있다. 방송만 한정해서 본다면, 한국방송촬영인협회(KDPS)에 등록된 회원만 700명이 넘는다. 프리랜서와 영화에서 활동하는 촬영감독만 합쳐도 1,000명은 훨씬 넘을 것이다. 프로페셔널 직군에서 활동하는 촬영감독만 산정했는데도 그렇다. 그런데 이들이 모두 생성형 AI로 영상을 제작하는 것에 관심을 갖는 것은 아니다. 촬영감독과 같은 영상 분야의 프로들은 오히려 기술의 발전을 천천히 관망하는 분들이 더 많을 것이다. 필자도 촬영감독으로서 생성형 AI 영상 제작을 바라보고 미래를 조금이라도 예측하고자 경험을 하고 있을 뿐이다. 중요한 것은 영상 제작의 최전선에 있는 촬영감독이기 때문에 생성형 AI 영상 제작에 관심을 갖는 것이 아니라는 점이다. 이제는 새로운 기술이 트렌드와 콘텐츠를 이끄는 시대이다. 따라서, 콘텐츠를 제작하는 사람들은 새로운 기술의 발전을 반드시 따라가야 한다. 생성형 AI 영상 제작도 그런 의미인 것이다. 서두에서 멀티플레이어(Multiplayer)가 미래의 미디어 산업에서 키맨이 될 것이라고 예견했다. 하나의 콘텐츠, 예를 들어 방송 프로그램, 영화, 광고 등을 제작할 때 더 이상 직군별로 업무별로 사람별로 따로 나누어 각자의 일만 하는 시대는 끝났다. 생성형 AI가 원래 내 일이 아닌 분야에 전문성을 가질 수 있도록 도와주는 시대이기 때문이다. 향후, 가까운 미래, 아니 당장 내년부터도 콘텐츠 제작의 양상은 크게 달라질 것이다. MBC <PD가 사라졌다!>와 같은 콘텐츠가 더욱 업그레이드되어 적은 비용으로 제작될 것이다. 생성형 AI라는 기술은 촬영감독으로서, 프로듀서로서, 영화감독으로서 우리에게 창작의 날개를 달아줄 것이며, 우리는 더욱 다양하고 고도화된 콘텐츠를 생산해 낼 것이다. 생성형 AI는 피하는 것이 아니라 이해하고, 받아들이고, 적용해야 하는 것이다.

PART 2.

생성형 인공지능으로
인공지능 영화제에서 대상을 받다

스튜디오프리윌루전 권한슬 대표

저는 중앙대학교에서 영화를 전공했으며, 제가 운영 중인 스튜디오프리윌루전(STUDIO FREEWILLUSION)은 AI 영상 제작 스타트업입니다. 창업한 지 1년 됐고 저는 광고 감독으로 입봉해서 계속 광고를 찍다가 최근에 독립 단편영화를 찍게 되었습니다. 제가 일반적인 영화감독들하고 조금 달랐던 점이라고 한다면, 콘텐츠 분야에 어떻게 하면 AI를 접목할 수 있을까를 계속 고민해 왔다는 것입니다.

[그림 2-1] 스튜디오프리윌루전(STUDIO FREEWILLUSION) 키 비주얼

저는 항상 기술이나 특수효과에 관심을 가지고 있었습니다. 기술을 직접 배우고 싶어서 회사에 취직해서 일하기도 했습니다. 그러던 중 2023년 4월에 AI 비디오 생성 기술에 대해서 처음 알게 됐습니다. 2024년 초에 오픈AI에서 SORA가 등장하고, 런웨이(runwayml.com)라는 미국 스타트업에서 Gen-1과 Gen-2라는 이미지 투 비디오, 텍스트 투 비디오 툴이 나왔습니다.

당시만 해도 되게 조악한 GIF 수준이라고 표현하면 적합할 것입니다. 맨 처음에는 소위 말하는 움짤이라고 그런 수준의 영상을 생성했습니다. 도대체 이걸로 뭘 할 수 있을까 하는 의구심이 들었습니다. 만든 영상을 틱톡에 올려서 장난이나 칠 수준의 뭔가 새로운 장난감이 나왔다고 생각하는 분위기였습니다. 순간 저는 뭔가 다음이 있을 것 같다는 생각이 들었습니다.

대학 시절에 영화를 공부하면서 영화계의 역사에 대해서 생각을 해본 적이 있습니다. 영화계를 넘어 영상계는 주기적으로 변곡점이 있었던 것 같습니다. 애초에 영화의 아이덴티티가 기술의 발전으로 탄생한 예술입니다. 그러니까 카메라의 발명이 없었으면 영화라는 영상물이 존재하지 않았을 것입니다. 결국 기술의 발전으로 탄생한 영화는 예술이라는 아이덴티티를 확립하고, 기술과 더불어 성장할 수 있었습니다.

[그림 2-2] 인공지능으로 생성한 이미지

흑백에서 컬러 영화로, 무성영화에서 유성영화로, 필름에서 디지털로 또 최근에는 이제 스크린에서 OTT로 이렇게 상영 방식이 변하면서 영화는 진화해 왔습니다. 봉준호 감독님의 <옥자>는 어쩌면 최초의 넷플릭스 OTT 영화입니다. 당시만 해도 스크린에 상영되지 않는 게 어떻게 영화라고 할 수 있느냐고 했는데, 코로나19를 거친 이후 할리우드에서도 영화관 상영이 어려워졌고 우리나라도 영화 개봉을 포기한 작품부터 OTT로 개봉했습니다. 지금은 OTT 관객을 타깃으로 하는 영화가 많이 만들어지고 있습니다. 시대적인 상황이 기술의 변화를 만들기도 하지만, 기술의 변화가 패러다임을 바꾸고도 있다고 생각합니다. 이렇게 불가능하다고 생각했던 것들이 가능해지고, 영화 상영에 대한 정의도 기술과 더불어 변한 것처럼, 영화 제작에 대한 정의도 바뀌게 된 것 같습니다.

영화라는 매체가 본질적으로 기술의 발전에 의해 맞이하게 된 이번 변곡점은 생성형 인공지능입니다. 생성형 인공지능은 앞으로 더 급속도로 영화 산업에 영향을 미치게 될 것입니다. 무성영화에서 유성영화로 넘어갈 때 무성영화를 고집하시던 분들이 처음에는 어떻게 유성영화가 영화냐, 스토리가 있는 게 어떻게 영화냐고 반문했다고 배운 적이 있습니다. 결국 무성영화를 고집하던 세력들은 도태되고 새로운 기술을 받아들였던 유성영화의 시대는 바로 시작되었습니다. 신진 세력들이 영화계를 이끌게 되는 데에는 그리 오랜 시간이 걸리지 않았습니다. 관객들은 새롭고 흥미롭고 보기에 좋은 것을 선택하게 되어 있습니다.

20여 년 전 필름에서 디지털로 전환된 사례도 똑같은 맥락입니다. 어떻게 필름의 감성을 디지털에 담겠느냐, 필름으로 찍은 게 영화지 필름도 없이 디지털 영화라니 장난하느냐는 분위기였습니다. 결국에는 그 과도기가 지나고, 몇몇 회사가 문을 닫고, 또 몇 년 지나면 다 그 기술을 받아들인 새로운 세력들이 시장의 주도권을 쥐고 있습니다. 이렇게 자연스럽게 신기술에 대한 사회적 합의가 이루어지면서 그것을 이미 받아들인 역사적 선례를 AI도 똑같이 밟고 있다고 생각합니다.

AI로 영화를 어떻게 만드느냐, 이거 만들어봤자 제대로 나오겠느냐, 이걸로 영화를 제작할 수 있겠느냐고 하지만 AI 기술이 좀 더 발전하면 그 퀄리티나 품질이 진짜 파이널 퀄리티로 나올 수 있게 될 것입니다. 곧 커머셜한 영역까지 바로 쓸 수 있을 정도의 퀄리티가 될 것이고, 그때에는 당연히 모두 인공지능 기술을 쓸 것입니다. 다행히도 그 시기는 지금이 아니고, 아직 많은 시간이 남아 있는 것 같습니다.

지금은 그저 기존 VFX 작업 방식보다 훨씬 비용과 시간이 절감되는 효과를 가지는 정도입니다.

무성영화에서 유성영화로 넘어가듯, AI 영화의 시대가 오겠다는 것을 직감한 저는 생성형 AI 기술을 보자마자 스타트업을 창업해서 영상 생성을 시작했습니다. 정확히는 2023년 8월부터 인공지능을 활용한 영상 제작 작업을 시작했고, 2024년 4월에 나온 AI 비디오 기술을 처음 접하고 제 직감이 맞았다는 것을 알게 되었습니다. 또한 저도 부지런히 신기술을 활용하기 위해 노력해야 한다는 것을 깨달았습니다. 저희가 쓰던 온디바이스 프로그램보다, 현재 플랫폼 서비스로 출시된 런웨이(runwayml.com) Gen-3나 루마 드림머신이 훨씬 더 좋은 결과물을 내고 있습니다.

다시 과거로 돌아가서 2023년 8월에만 해도 현재의 기술들에 비하면 한없이 수준 낮은 기술로 영상을 생성했습니다. 결과물 수준이 지금 보면 한계가 너무나 명확하고 품질도 떨어집니다. 2024년 두바이 국제 영화제에 올라갔던 저희 작품도 당시에는 최고의 퀄리티였다는 점은 사실입니다. 물론 지금 보면 믿기 어려울 수 있을 것입니다. 특히 무엇보다도 완성된 영화의 포맷을 가지고 있었던 유일한 작품이었다는 것 때문에 대상과 관객상이라는 2관왕의 영예를 안을 수 있었습니다.

출품하게 된 배경을 설명을 드리겠습니다. 이 영화는 사실 영화제를 타깃으로 만든 건 아니었습니다. 8월에 창업하고 영화를 만들던 저라는 준비된 사람에게 인공지능 영화제라는 기회가 왔다는 표현이 맞을 것 같습니다. 2024년 2월에 이 두바이 AI 영화제가 열려서 5일 만에 제가 만든 작품을 출품했고, 영화제에 다녀온 직후 오픈AI의 소라SORA AI 기술이 공개가 되면서 세상의 관심이 생성형 영상에 쏟아지게 되었습니다.

[그림 2-3] air head · Made by shy kids with SORA

제가 AI 비디오 기술을 들고 선배님들과 대표님들을 찾아다니며, 저 이런 걸로 이렇게 한번 해보려고요 설명할 때에는 이게 되겠느냐, 한 5년에서 10년 뒤에나 가능할 거라고 생각한다는 답변만 들었습니다. 제가 영화를 전공한 입장에서 AI 개발자도 아니면서 뭘 어떻게 해서 영화를 만들 수 있겠느냐고 말씀하셨고, 당시에는 그게 정론이었습니다. 저도 그런 말을 계속 듣다 보니까 당연히 그렇게 생각할 수밖에 없었습니다. 심지어 기술에 가장 친화적인 CG 회사 대표님들도 같은 말씀을 하셨습니다. 그런데 그분들의 말들 듣다 보니, 약간의 오기가 생겨서 제작하게 된 것이 <원 모어 펌킨>입니다.

얼마나 절망적인 상황에서 영화 제작을 시작했는지 아마 이 글을 읽고 계신 분들은 상상도 못 하실 겁니다. 지금은 세상에 존재하는 AI 플랫폼 서비스들이 많아졌기 때문에 누구나 약간의 비용만 결제하면 미드저니를 쓸 수 있고 런웨이(runwayml.com)도 돈만 내면 쓸 수 있는 환경이 되었습니다. 하지만 2023년만 해도 AI 플랫폼 서비스는 지금처럼 많지 않았고, 거의 온디바이스로 오픈소스 깔아서 학습시켜서 돌렸습니다.

아직까지 무료로 가장 많이 쓰고 있는 스테이블 디퓨전의 소스를 저희도 가져와서 프롬프트를 입력해 이미지를 생성하기 시작했습니다. 스테이블 디퓨전은 조정해야 되는 수칫값 파라미터가 굉장히 많고 여러 AI 모델들을 붙여서 조합해서 써야 하는 그런 시스템입니다. 현재는 렉시카나 거의 대부분의 생성형 AI 플랫폼 서비스에 붙어 있지만, 2023년만 해도 온디바이스로 사용했습니다.

당시 모델을 제가 원하는 이미지 생성에 최적화되도록 커스터마이징하려면 코딩적 지식도 좀 있었으면 하는 아쉬움이 생겼고, 결국 멤버 중에 AI 개발자를 영입하게 되었습니다. 그분이 현재 스테이블 디퓨전의 모델을 커스터마이징하고 이미지를 계속 생성해서 테스트를 할 수 있었습니다. 무료로 스테이블 디퓨전을 사용했기 때문에 <원 모어 펌킨>이라는 영화를 실제로 제작비 0원으로 만들 수 있게 되었던 것입니다. 단, 전기세랑 저희 인건비는 포함하지 않았습니다.

2024 두바이 국제 AI 영화제 수상의 비결

지금은 저희 역시 미드저니도 쓰고 스테이블 디퓨전도 쓰고 다 융복합해서 거의 모든 AI 기술을 다 쓰고 있습니다. 하지만 2023년 8월만 해도 해외에나 그런 걸 시도하는 아티스트들이 조금 있었습니다. 대부분 미디어 아트 혹은 CG VFX 소스 같은 것을 AI로 화려하게, 트랜지션 효과를 넣는 느낌으로 쓰고 있었습니다. 또한, 예고편 형식의 트레일러로 콘셉트만 제공하기 위해 만든 AI 영상 생성물의 편집본이었지, 뭔가 내러티브가 있고 기승전결이 있는 작품은 아니었습니다. 예술 작품도 주제가 있고 철학이 있고 세계관이 있어야 하는데, 가장 중요한 주제 의식이 잘 보이지는 않았습니다.

하지만 지금은 다르죠. 그리고 2024년 말 그리고 2025년에는 더 다를 겁니다. AI 영화라는 것이 지금 하나의 장르가 되어버렸다고 생각합니다. 하나의 새로운 예술 장르로서 이미 시장이 생기고 예술로서 관심을 받고 또 창작사로서 인정받을 수 있는 상황이 되었습니다. 상황이 사람을 만든다는 표현이 적합한지는 모르겠지만, 현재는 생성형 영상 생성 기술에 주목하는 현 시장이 AI 영화 감독을 양산하고 있다고 생각됩니다.

[그림 2-4] 스튜디오프리윌루전 대표 성과

다시 2023년 창업 시점으로 돌아가면, AI가 조작하기도 쉽지 않고 원하는 대로 안 나오기 때문에, 단편 영화 포맷에 내러티브와 메시지를 넣는 것이 필요하다고 생각되었습니다. 단점을 보완하기 위한 방법 중 하나였죠. 어떻게든 미약하지만 한번 이렇게 해보자는 목표 의식을 갖고 기승전결이 있는 영화를 만들었습니다. 그게 적중을 했던 것 같습니다. 2024 두바이 AI 영화제에 실제로 출품된 전세계 500개 작품 중에서 영화의 포맷을 갖고 있는 작품은 제 작품뿐이었습니다. 다른 해외 작품들은 다 예고편 같은 스타일이었습니다. 영화를 전공하고, 기본적으로 예술은 기승전결 구조, 세계관, 주제를 가지고 있어야 한다는 제 가치관을 투영시킨 전략이 통한 것이라고 생각합니다.

[그림 2-5] 〈원 모어 펌킨〉 키 비주얼

　　〈반지의 제왕〉과 〈아바타〉에 VFX로 참여했던 웨타라는 글로벌 스튜디오가 있습니다. 아시는 분들은 아실 수 있겠지만, 거기 리처드 테일러 CEO가 영화제 심사 위원이었다는 자체가 굉장히 영광이었습니다. 저도 〈반지의 제왕〉〈호빗〉의 엄청난 팬이거든요. 이분이 피터 잭슨 감독이랑 스튜디오 공동 창업자입니다. 그런 거물을 만난 것만으로도 영광인데 두바이에서 저한테 '지금 출품된 작품 중에서 가장 완벽하게 영화에 가까운 영화라서 대상을 줬다'라고 심사평을 했습니다. 이 말이 제 이후 인생에 굉장한 동기부여가 되었습니다. 내가 가는 길이 틀리지 않았구나, 이 길을 가야겠다는 확신이 들어서 더 열심히 생성형 인공지능 영상 제작에 몰입하는 계기가 되었습니다. 특히 저희가 실사 촬영이나 CG를 아예 쓰지 않고 순수 생성형 AI로만 영상을 만들려고 노력했던 뚝심이 통했다는 것도 즐거운 일이었습니다. 이 길은 아니라는 선배들의 말에 오기가 발동하여 시작한 영상 생성 작업이 AI 개발자와 협업하면서 좀 더 프로페셔널한 영역으로 진입했습니다. 또한 영화 전공자로서 소신대로 제작한 영화가 좋은 상을 받고 세계적인 주목을 받게 되니 살짝 얼떨떨하기도 합니다. 하지만 이 기운을 몰아 더 좋은 작품, 작품성이 있는 작품, 우리만이 잘 만들 수 있는 작품을 만들자는 각오로 하루하루 작업하고 있습니다.

AI가 가진 단점을 장점으로 전환

<원 모어 펌킨>은 부천국제판타스틱영화제에서도 상영을 했습니다. 사람들 반응을 보면서 나름 이 작품이 성공할 수 있었던 전략 중 하나가 떠올랐습니다. AI는 사람이 불쾌해지게 표현을 합니다. 그래서 인공지능이 생성한 이미지에 사람들이 불쾌감을 느낀다는 말을 들은 적이 있습니다. 오히려 그러한 단점을 영화에 반영하여 기획한 것이 전화위복이 된 것 같습니다. 저는 <원 모어 펌킨>을 기획할 때 약간 '싼마이'로 가고 B급 감수성으로, 컬트적으로 가야 하고, AI가 가장 잘 표현할 수 있는 기분 나쁜 이미지를 활용해야겠다고 생각했습니다. 어떻게 보면 단점을 역으로 이용한 것이죠. 단점으로 여기는 기분 나쁘고 기괴한 이미지를 생성하는 인공지능의 단점을 최대한 장점으로 살릴 수 있는 연출을 추가했습니다. 그로테스크한 B급 컬트 무비 같은 장르를 택해서 짧은 대본을 짰습니다.

그나마 다행스러운 것은 제가 평소에 약간 이런 장르들을 무척 좋아했기 때문에 그 느낌을 잘 살려서 생성된 이미지들의 연출이 잘 맞아떨어진 것도 있다는 점입니다. 결과적으로 단순 내레이션에만 의존하는 게 아니라, 액자식 구성을 이런 식으로 써보았습니다. 약간의 주제의식과 교훈을 추가하려는 전략이었습니다. 이런 이야기를 아이에게 들려주는데, 현실에서도 탐욕이 파멸을 불러온다는 하나의 주제로 다 수렴되게끔 구성했습니다. <원 모어 펌킨>은 짧은 숏폼 영화지만 영화적 구조나 방법론 등을 충실하게 반영했습니다. 지금은 AI 영화 중에 굉장히 작품성이 좋은 작품들도 많습니다. 지금 실제 부천국제판타스틱영화제 가서 AI 부문을 봤는데, 국내외 감독들이 굉장히 작품성 있는 예술적인 결과물을 보여주는 분들도 많이 생겼습니다. 어찌 됐든 제가 그 포문을 초창기에 연 감독 중 하나가 되었습니다. 어느 순간 국내외적으로 생성형 인공지능을 활용한 유명

감독이 되어버렸습니다.

이제 온디바이스형 프로그램이 아니라 플랫폼 서비스로 인공지능 영상 생성을 편리하게 즐길 수 있고, 품질도 훨씬 올라가고 속도도 빠릅니다. 이렇게 기술은 계속 발전하고 있습니다. 앞으로는 이런 AI 영화라는 장르도 존재하겠지만 실제 커머셜한 영화나 드라마에서도 AI를 쓸 수가 있습니다.

그러니까 그 AI 영화가 실제 영화를 대체한다든가 미디어에서 떠드는 건 솔직히 말이 안 되는 거라고 하고, 제가 기자님들한테 항상 절대 그렇게 쓰시지 말라고 합니다. 수습을 어떻게 하시려고 그러느냐면서요. 왜냐하면 그건 말이 안 되기 때문이에요. 다만, 몇몇 CG 컷들이 있습니다. 비용이 많이 들어가는, 예를 들어 판타지 장르 VFX 소스나 우주 배경에 뭐가 지나간다 이런 것들은 AI로 몇몇 인서트 컷 같은 건 당연히 대체가 가능하거든요.

[그림 2-6] **프리비즈**

그것만 해도 제작비가 굉장히 또 세이브가 될 수 있는 부분이 있기 때문에 아마 실제 커머셜한 영역에서는 그런 식으로 비용이 많이 들어가는 컷들을 조금씩 대체하면서 스며들 것이고, 점차 AI가 도입되는 컷들이 많아지면서 자연스러워질 거라는 게 제 개인적인 사견입니다.

그러면 이제 나름의 RND는 끝났고 저도 스타트업을 한다고 했잖아요. 이걸로 어떻게 돈을 벌 수 있을까를 고민을 많이 했습니다.

근데 돈을 벌 수 있는 게 많이 없더라고요. 왜냐하면 커머셜한 파이널 퀄리티로 나오지 않는 게 AI의 가장 지금 큰 한계이고 단점인데, 커머셜한 영역을 하려면 품질이 제일 중요합니다. 이걸 어떻게 쓸 수 있을까 그러면 커머셜한 이걸로 돈을 벌 수 있는 영역 중에 품질이 중요치 않은 영역은 없을 것입니다.

[그림 2-7] 숏폼 드라마 플랫폼 비글루

이제 다음 비즈니스를 구상하고 있습니다. AI의 장점이 빠른 구현입니다. 그리고 이러한 장점이 통하는 시장은 프리비즈 시장입니다. 다들 아시겠지만 프리비즈는 프리비주얼라이제이션(Pre-visualization)을 의미합니다. 사전에 시각화를 하는 작업이고 영화, 콘텐츠 분야에서 말하는 프리비즈는 콘셉트 티저 영상을 위한 프리비즈 또는 작품 투자를 유치하기 위한 피칭비즈 분야에서 활용된다고 생각하시면 됩니다. 영화로 만들고 싶은 작품이 생겼고, 피칭을 해야 하는데 1분짜리 하나 제작하는 데에도 억대의 비용이 들 수 있습니다. 더 고민되는 지점은 억대의 비용을 들여서 프리비즈를 했는데, 결국 투자를 받지 못해 영상 본편을 제작하지 못하는 상황입니다. 모든 비용이 순손실일 수밖에 없습니다. 사실 이 책을 읽으시는 분이라면 모두 아시겠지만, 우리 영화와 드라마 제작비가 엄청나게 증가했습니다. 더 문제인 것은 2021년 <오징어 게임>으로 투자가 급속도로 진행된 이후 대작이나 히트작이 없는 실정에서 국내 드라마 시장에 대한 투자가 많이 줄었다는 점입니다. 요즘은 1~2분짜리 숏폼 드라마를 저가에 만들어서 플랫폼에 넣어 파는 상황입니다.

영상 제작 투자도 줄었고, 제작비 규모가 큰 드라마들이 넷플릭스에서도 실패하는 사례가 있다 보니, 결국 재투자가 일어나지 않는 악순환의 굴레에 빠져버렸습니다. 현재 제작사들도 이미 제작한 작품이 팔리지 않아서 새로운 작품을 제작하는 데 적극적으로 나서지 않고 있습니다. 사실 나설 수 없다고 해야 맞겠습니다. 투자자들은 작품 제작에 투자를 하기 전에 시나리오만 보고 기획안만 봐서는 결과물이 어떻게 나올지 알 수 없습니다. 그래서 비주얼적인 콘셉트를 미리 확인하는 프리비즈 단계를 요구하고 있는 것입니다.

[그림 2-8] 개척한 신사업 프리비즈 콘셉트 티저 영상 제작

사실 할리우드는 워낙 배우들 몸값이 높아서 당연히 이런 걸 하고 있었습니다. 국내에서도 프리비즈는 다 CG를 활용했었는데, CG로 하더라도 프리비즈도 1억

에서 3억이 들다 보니 AI를 활용하기 시작했습니다. AI를 활용하면 퀄리티는 조금 떨어질 수 있지만 빠르게 구현할 수 있고, 여러 가지 시안들을 수십, 수백, 수천 개를 뽑을 수가 있습니다. 프리비즈라는 자체가 대중한테 공개되는 게 아니기 때문에 퀄리티가 중요한 단계는 아니다 보니 충분히 프리비즈만 해도 사업화가 가능한 시장입니다. 어떤 식으로 구현될 건지 투자자에게 쫙 보여주고, 만약 이건 이렇게 하면 더 좋을 것 같다고 하면 투자자가 원하는 대로 다시 빠르게 영상을 구현하고 빠르게 수정하는 게 가능합니다. 그래서 저는 프리비즈 분야 비즈니스를 해보려고 결심했습니다. 2,000만 원에서 4,000만 원 사이의 비용으로 충분히 하나의 프리비즈를 제작할 수 있습니다.

이제 저희 같은 초기 스타트업 같은 경우에는 이 정도 매출만 꾸준히 거둘 수 있어도 안정된 수입원입니다. 그래서 사실 2023년 8월에 프리비즈를 먼저 했었습니다. 시나리오 쓰는 감독으로서 부산국제영화제 아시아 필름 마켓에 선정돼서 피칭도 했습니다. 평상시 써놓은 작품들 중 촬영이 어려운 장르물 하나를 프리비즈로 만들어봤습니다.

생성형 인공지능으로 지금 한 컷당 길이를 뽑는 데에는 한계가 있고, 길어지면 길어질수록 일관성이나 품질이 붕개집니다. 이 때문에 영상 콘텐츠 쪽에서 짧은 영상으로 끝나는 시장을 고민했을 때 광고와 숏폼이 떠올랐습니다. 그런데 숏폼은 생성형 인공지능을 활용하기에는 좀 방향성이 안 맞습니다. 인공지능은 1인 기획자, 크리에이터가 활용하기에 적합하고, 비용을 최소화하는 장점이 있습니다. 하지만 숏폼은 이미 저가의 제작 세팅이 있고, 그 시장대로 따로 존재하고 있는 데다가 큰 부담 없이 투자가 이루어지고 있습니다. 제가 회사 차원에서 그리고 프로덕션 차원에서 할 수 있는 것은 광고였습니다.

LG유플러스에서 광고를 만들었고, 저희는 현대자동차의 에피소드형 광고를 만들었습니다. 이번에 부천에서 만난 데이브 클락이라고, 지금 미국에서 제일 유명한 AI 감독이 있습니다. 그분이 아디다스 AI 광고를 만들 때에도 스토리가 아니라 그냥 막 비주얼적으로 화려하게 막 지나가는 그런 광고를 만들었습니다. 그런 빠른 영상이 AI 활용 광고로 적합합니다.

현대자동차 AI 광고
영상보기(클릭)

[그림 2-9] 현대 자동차 AI 광고 생성 이미지

그 이후 AI 광고가 활발하게 나올 것 같지만, 지금 안 나오는 이유는 광고의 목적성이 신제품 홍보이기 때문입니다. 신제품 이미지를 생성할 수도 없고, 기존에 생성된 이미지에 신제품 이미지만 끼워 넣으면 되게 이질적일 수도 있습니다. 또한, 이 이미지를 그대로 쓰는 것이 아니라 영상으로 생성하게 되면 이 과정에서 색깔이 달라지거나 로고가 달라지는 일은 매우 흔합니다. 결국 광고에 영상을 그대로 쓸 수 없게 되는 것입니다. 결국 저희는 이러한 문제를 해결하기 위해서 실사 촬영도 일부 진행해서 합성하는 작업을 했고, 결과적으로 가격과 시간의 축소, 마케팅적 측면에서 AI를 활용했다는 장점을 본 프로젝트의 성과로 보고 있습니다. 광고주 쪽에서는 AI를 활용한 최초의 스토리 광고라는 측면에서 만족했던 작품이기도 합니다. 트럭 영상을 만들기 위해서는 원래 수십만 장을 해야 제대로 된 인공지능 영상 생성 모델이 나오지만, 저희는 이 제품을 구현하기 위해서 한 200에서 300장 정도의 사진을 제품마다 다 360도로 구석구석 다 찍어서 모두 학습을 시켰습니다. 결과적으로 트럭의 퀄리티는 잘 뽑았는데 로고나 디테일한 부분이 살짝 뭉개지는 경우가 있었습니다.

그리고 영상에서 바퀴가 굴러가는데 바퀴가 흔들거리면서 굴러가는 형태로 생성이 돼서, 흔히 말하는 '덧빵'을 쳤습니다. 뭉개진 부분을 이미지로 덧입히는 영상 합성 방식으로 보정을 해주고, 바퀴 같은 경우에도 3D 모델링으로 굴러가게끔 해서 디테일한 보정은 들어갔습니다.

인공지능에게 입력할 수 있는 프롬프트는 기획이 중심이고, 콘티대로 AI 조작을 할 수가 없어서 개발자들이 그 일을 할 수도 없습니다. 결국 감독인 제가 그 기획에 걸맞게 맞춰서 나름의 AI 영상 연출을 하게 되었습니다. 다행히 광고나 영상 콘텐츠 업계 출신의 AI 아티스트들을 저희 회사에서 보유하고 있으니 대응이 가능했던 것 같습니다.

머지않은 시점에 일반인들도 쉽게 할 수 있는 서비스 같은 게 나올 것이라 예상합니다. 아직 세상에 오픈되지 않았지만 AI의 SORA 같은 영상 기술도 기대가 됩니다. 특히 영화제에서도 AI를 도입하고 AI 부문이 AI 필름이라는, 어떻게 보면 아까 말했듯이 새로운 AI만이 보여줄 수 있는 그런 유니크한 비주얼을 보여주는 그런 장르가 형성이 되는 것이 먼저일 것 같습니다. 부천국제판타스틱영화제의 경우 원래 뉴미디어 영화나 VR 영화 같은 것을 초기에 도입을 했었고, 위원장님이신 신철 위원장님이 국내에 CG를 제일 먼저 들여온 1세대 제작사를 하셨습니다. 그래서 기술에 대해서 굉장히 진보적으로 빠르게 받아들이는 걸 좋아하셔서 두바이에서 부천국제판타스틱영화제로 바로 끌려가게 되었습니다.

28회 부천국제판타스틱영화제 공식 AI 트레일러
영상보기(클릭)

[그림 2-10] 부천국제판타스틱 영화제 공식 AI 트레일러 키 비주얼

나중에 들어보니 AI 영화 부문을 한 2025년 정도에 한번 만들려고 계획하셨다
가 당겨서 올해 바로 해버린 경우였습니다. 부천이 스타트를 끊으니까 예를 들면
경기콘텐츠진흥원이라든지 부산에서도 AI를 영화 쪽에 접목하는 이런 부문들
이나 AI 영화제 자체도 생기고 있습니다. 감사하게도 공식 트레일러를 제가 연출
해서 제작했는데 이것 또한 AI로 만들었습니다.

AI를 미는 영화제의 트레일러니까 AI로 만들 수밖에 없었습니다. 이 작품은
부천의 요구한 사항을 반영한 것입니다. "AI, Who are you?" 키워드를 가지고 기
획을 해달라고 명확히 콘셉트를 제시했습니다. 제가 나름 예술 혼을 발휘해서 그
워딩에 의미를 부여해 의미 있는 영상을 만들려고 노력을 했었습니다. 중앙에 보
이는 레이턴트 벡터 스페이스라는 공간에서 인공지능이 기능을 하는데, 그 아키
텍처 구조를 도형화해서 형상화한 것입니다. 저 모양을 <곡성> 등의 영화 포스
터를 디자인하신 박시영 실장님이 포스터로 만드셨습니다. 이 포스터가 메인 키
콘셉트가 되었고, AI 트레일러에도 오브제로 사용을 하자고 해서 기둥의 형태는

스탠리 큐브릭 감독의 <2001 스페이스 오디세이>라는 작품의 모노리스라는 거대한 기둥을 메타포로 해서 만들었습니다. 영화제니까 영화 전공자로서 <2001 스페이스 오디세이>를 오마주한 모노리스를 인공지능 벡터 스페이스 안에 형상화해서 표현한 것이라고 보시면 되겠습니다.

　　레이턴트 벡터 스페이스를 형상화한 사례를 설명해 드리려면 자연스럽게 인공지능 저작권에 대한 쪽으로 주제가 넘어갑니다. 인공지능은 저작권 문제가 없는 쪽으로 지금 글로벌 추세는 흘러가고 있습니다. 사실 요즘 대학에서 보고서도 생성형 인공지능으로 만드는데, 유사도 검사하는 플랫폼에서도 93%가 걸러내지 못합니다. 생성을 해보신 분들은 아시겠지만, 생성할 때마다 다릅니다. 그래서 생성형 인공지능에 대한 이해도가 생기면 당연히 저작권을 문제 삼기 어려울 것이라고 생각하게 됩니다. 더 많은 콘텐츠 회사에서 생성형 인공지능을 사용하고 그 원리를 알게 된다면 더더욱 저작권에 대한 걱정을 덜 수 있으리라 봅니다.

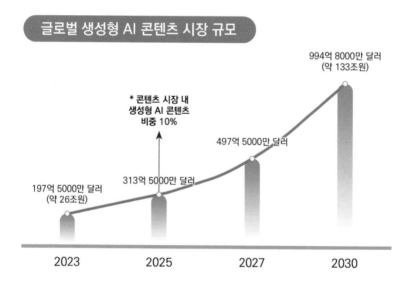

* 출처: 2023년 상반기 콘텐츠산업 동향분석 보고서(한국콘텐츠진흥원, 2023), 그랜드뷰리서치 보고서(2023)

[그림 2-11] 글로벌 생성형 AI 콘텐츠 시장 규모

현재도 생성형 인공지능 시장에서는 저작권 문제 자체가 발생하기 어렵다는 쪽으로 흘러가고 있습니다. 왜냐하면 인공지능은 어떤 것을 카피해서 생성을 하는 게 절대 아닙니다. 사람의 뇌처럼 잠재되어 있다가 내가 뭔가 키워드를 던져서 창작을 할 때 그 데이터들이 다 조합돼서 새로운 게 나오는 것입니다.

좀 더 구체적으로 설명하면 데이터들을 카피를 해서 그대로 붙여서 만드는 게 아니라, 그 데이터들을 학습해서 토큰화하고 블랙박스에 넣어두었다가 프롬프트를 입력하면 학습돼 있던 데이터들이 블랙박스 안에서 조합되어 새로운 게 나오는 방식입니다. 최근 몇몇 인공지능 개발사에서 블랙박스에서 생성 결과물이 나오는 원리를 역으로 조사하고 있습니다. 그래서 이게 실은 인간 뇌 구조를 똑같이 따라 해서 만든 구조에 가까울수록 어떻게 결과물을 내놓았는지 검증하기가 어려워집니다. 인공지능의 개발 방향도 인간의 뇌를 따라가는 것이기 때문에 인공지능이 만든 게 저작권 위반이 되면 사실 우리의 모든 창작은 다 저작권에 위배된다고 볼 수밖에 없습니다. 우리가 학습을 하면서 어디선가 보고 듣고 한 것이 데이터가 되어 창의적인 산출물로 나온 것이기 때문입니다. 이미 우리도 사실은 레퍼런스가 있고 다 그걸 기반으로 창작을 하고 있습니다.

[그림 2-12] 프리비즈 사례

결국 저작권을 침해하지 않는 기술도 개발되어, 최종 생성물과 유사한 이미지가 있는지 등을 한 번 더 필터링하는 방식으로 수렴될 수밖에 없다고 생각하시면 될 것 같습니다. 따라서 현재 인공지능 관련 법은 조금씩 만들어지고 있긴 하지만 무법에 가깝고, 불법과 합법을 따지려면 법이 있어야 하는데 법조항이 존재하지 않는 상황입니다. 대신 이건 있습니다. AI로 만들었음을 밝혀야 되는 추세로 가고 있습니다. 인간이 만들었는지 AI를 활용해서 만들었는지 그것을 구분하는 게 사실 더 중요합니다. 인공지능이 사람의 지능 이상으로 기술이 올라가면 또 범죄에 악용될 수도 있으니까 그런 걸 판별하는 인공지능도 지금 개발 중입니다. 인공지능을 활용했느냐 아니냐가 문제가 아니라, 저작권에서 쟁점은 행한 인간의 의지가 결국에는 중요하게 여겨지는 것 같습니다. 악의적으로 남의 초상권을 도용해서 생성 영상을 만든다거나 남이 셔터스톡에 올려놓은 유료 이미지를 무단으로 캡처해서 생성 영상을 만드는 것은 인공지능 관련 법이 없어도 저작권법에 위배됩니다.

결국 창작의 주체는 인간

사실 창작의 주체는 언제까지나 인간일 수밖에 없습니다. AI 시대에도 인간이 원하는 창작을 AI가 기술적인 혁신으로 더 쉽고 정확하게 만들 수 있도록 돕는 것뿐입니다. 결국 선택을 하는 건 인간이고 창작과 예술은 어찌 됐든 내가 내중에게 공개하고 공감을 얻어야 하는 예술입니다. 계속 인간은 인공지능을 활용할 방법을 포함하여 기획하고 고민하는 과정의 주체가 되어야 합니다. 인공지능은 우리가 오감을 가지고 학습하듯 세상을 학습한 또 하나의 삶의 동반자이고, 미학적으로 보면 예술 자체는 미메시스Mimēsis라고 합니다. 플라톤은 모방하는 것과 모방된 것을 즐거워하는 것은 인간의 기본적인 본능이라, 이것이 예술의 유래라고 하였습니다. 인간의 모방은 곧 현실에 대한 모방이고, 그 현실에 대한 모방을 하는 게 본능입니다. 그 현실에 대한 데이터를 학습해서 모방을 하는 또 하나의 개체가 인공지능인데, 인공지능을 활용하는 것은 인간이기 때문에 다시 현실의 모방이고, 결국 미메시스 관점에서도 인간이 100% 하든, 인공지능을 활용해서 하든 같은 예술일 수밖에 없다는 것입니다.

지금까지 한 150개 정도의 AI 기술을 써보면서, 저희의 인공지능 활용 경험이 하나의 콘텐츠라는 생각이 들었습니다. 웹상에서 찾을 수 있는 자료들, 가이드 같은 것들도 대부분 해외 정보이고, 영어로 된 튜토리얼이 많아서 가이드가 좀 부족하다는 문제가 있습니다. 저희 회사에서는 노하우와 정보를 담은 AI 카이브를 7월 말경 서비스합니다. 당연히 무료입니다.

예를 들어 패션 디자이너한테는 패션 디자인을 잘 해주는 AI가 필요할 것이고 음악감독한테는 작곡을 해주는 AI가 필요하다는 점에 착안해서 세상의 모든 AI를 아카이빙한다는 뜻으로 AI 카이브에 8,000개의 데이터베이스를 담아 공개하려고 합니다. 서비스는 카테고리화해서 분류할 것입니다. AI 위키피디아라고 생각하면 좋을 것 같습니다. 정보를 제공하고 계속 매주 업데이트를 하면서 이 콘텐츠 업계의 AI 도입률을 좀 활성화할 수 있으면 좋겠습니다. 이제 기술은 한두 달 만에 과거의 기술이 되기도 합니다. 정보 불균형이 있어서 지금 기술의 발전이 사회적 합의와 인간이 인지하고 있는 기술보다 훨씬 빠르기 때문에 오픈 속도를 제한하고 있는 기술도 많습니다.

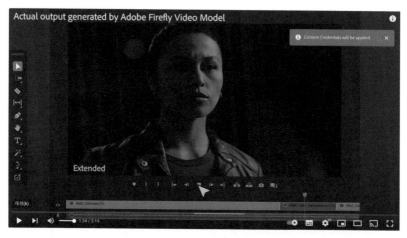

[그림 2-13] Generative AI in Premiere Pro powered by Adobe Firefly

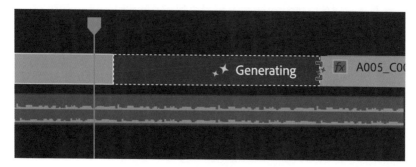

[그림 2-14] 영상 중간 부분을 생성하는 기능

어도비에서 만든 Generative AI in Premiere Pro Powered by Adobe Firefly 영상인데, CG 작업 중 이런 리무브 작업이나 합성 작업을 우리가 흔히 쓰는 편집 툴에서 누구나 쓸 수 있게 될 것입니다. 편집하다 보면 컷 길이가 좀 부족할 때가 있죠. 그때 AI로 생성해 내는 이미지를 보시면, 문제 해결이 편하게 가능해지겠구나 느끼실 겁니다. 재촬영 인서트 촬영은 필요 없습니다. 그냥 프리미어 프로에서 생성하면 됩니다. 제일 먼저 시작했기 때문에 경험한 것들이 많지만, 앞으로 경험하고 탐험해야 할 영역이 더 많다고 생각합니다.

영화를 만들어보고 싶다면 런웨이(runwayml.com) 사용을 추천 드립니다. 지금 가장 세계적으로 사람들이 많이 쓰는 툴입니다. 이번에 부천에서 AI 필름 메이킹 워크숍을 진행할 때도 데이브 클락이 런웨이(runwayml.com)를 워크숍에서 가르쳤을 정도이고, 6월 15일에 모델이 업데이트돼서 성능이 매우 좋아졌습니다. 아직은 AI를 활용할 때 연출적 노하우가 필요한 게 맞긴 합니다. 지금은 많이 테스트를 해보면서 자신만의 감을 익히는 것이 좋습니다. 영화도 길이가 길어지면 주인공에 대한 개념이 있어야 하고, 주인공이 내러티브를 끌고 가면서 대중이 그 주인공에게 감정이입을 해서 세계에 몰입하도록 만드는 것입니다. 아직은 AI가 계속 일관성 있는 캐릭터를 만들기 어렵기 때문에 감정이입이 필요한 영상생성은 어렵습니다. 물론 이것도 곧 머지않아 일관성 있는 캐릭터를 롱테이크로 생성할 수 있는 기술이 나올 것이고, 지금은 3분 이내까지가 최대이지만 곧 늘어날 것입니다.

제가 좀 노하우를 설명 드리면, 일관성이 안 되니까 <원 모어 펌칸>에서 호박을 괴물로 넣었습니다. 호박 괴물은 호박이 조금 생김새가 달라져도 어쨌든 호박 괴물로 인지를 하고, 호박이 완전히 다르게 생기기도 어렵기 때문에 일관성이 유지될 수 있습니다. AI 영화도 글 몇 줄로 뚝딱 되는 줄 아는데, 그게 아니라 인간의 고뇌와 노고가 필요합니다. 창작의 고통은 똑같습니다. 단지 툴이 바뀐 것뿐입니다. 인공지능을 활용하기 위해서 코딩부터 배워야 한다고 착각하는 경우도 있는데 절대 아닙니다. 내가 잘할 수 있는 것이 코딩이면 코딩을 하겠지만, 영화기획, 연출, 스토리 창작, 편집 등 내가 한 분야만이라도 잘하는 것이 있다면 그 분야에 생성형 인공지능 기술을 어떻게 활용해서 효율성과 예술성을 높일까를 고민하는 것이 더 효율적일 것 같습니다.

PART 3.

생성형 인공지능으로
드라마 대본을
원천 스토리로 출판한다

변문경 & 스토리피아 랩

드라마 대본에서 웹소설 생성하기

최근 제작되고 있는 드라마나 영화들은 원작이 있는 경우가 많습니다. 몇몇 흥행 보증수표인 스타 작가들과 몇몇 전작에서 우수한 스토리 전개를 보여준 작가가 아니라면 끝까지 힘 있는 스토리 전개가 가능한지 검증할 방법이 존재하지 않습니다. 보통 12부라면 4부까지는 대본이 나온 상태에서 제작, 투자를 결정하기 때문에 원작이 있는 작품을 각색하라는 요청을 하는 경우가 많습니다. 과거에는 웹소설, 웹툰 원작을 드라마로 제작했을 때 원작의 팬들이 드라마 시청자로 유입되는 것을 기대했었습니다. 하지만 시행착오를 거친 지금은 드라마는 드라마 나름대로의 작법이 있고 웹소설, 웹툰, 드라마 시청자층이 따로 있다는 쪽으로 의견이 모아지고 있습니다.

2022년부터 조금씩 드라마 제작 편수가 줄더니, 2024년에는 2021년 제작편수의 1/4이 제작되고 있다는 말이 들립니다. 드라마 감독, 작가들은 생계를 위해서 작가교육원 등에서 강사로 활동하며 강의 수입으로 살아가는 실정입니다. 이러한 때에 드라마 작가들이 만들어놓은 대본을 웹소설로 생성하여 원천 스토리로 출판하면 좋겠다는 생각이 들었습니다. 최근 많이 사용하는 생성형 인공지능 GPT와 클루드를 활용하면 가능합니다.

스토리피아는 스토리 유토피아의 줄임말입니다. 유토피아는 토머스 모어의 소설 제목이자 소설 내에 등장하는 가상의 섬나라 이름이기도 합니다. 스토리피아는 스토리Story와 유토피아Utopia를 더하여 이야기의 유토피아라는 뜻을 담았습니다. 스토리피아는 많은 작가들의 창작에 도움이 될 수 있는 시스템으로 기획되었습니다. 특히 작가들이 생성형 인공지능을 활용하여 자신의 콘텐츠를 웹소설, 영상화 대본, 웹툰 등으로 멀티유즈 할 수 있는 생산성 향상 도구로 성장하고자 합니다.

[그림 3-1] 스토리피아의 기본 서비스 화면

스토리피아 에디터 사용하기

1) 회원 가입 및 로그인

[그림 3-2] 스토리피아 로그인 화면

스토리피아는 네이버, 구글 포털에서 검색이 가능합니다. URL을 직접 입력하려면 storypia.com을 입력하면 됩니다. 2024년 1월 1일 공식 서비스를 시작했습니다. 무료 회원과 유료 회원의 차이는 GPT 인공지능 활용 여부로 나뉩니다. 현재 회원 가입 페이지는 다음과 같고, 요금 정책은 클라우드 서버 가용 용량과 프로젝트 공유 여부, 생성형 AI 서비스 이용 등에 따라 차등을 두어 운영되고 있습니다.

2) 기본적인 편집 및 기능 메뉴

[그림 3-3] 프로젝트 생성 화면

로그인에 성공하면 위와 같은 화면을 확인할 수 있습니다. **'파일 열기'** 창에서는 클라우드에서 작업 중이던 파일을 열 수 있습니다. 클라우드에서 작업 중인 파일을 열지 않고 신규 파일을 생성하려면, 창 하단의 **'신규 생성하기'**를 선택하고, 로컬 드라이브에 저장되어 있는 cined 작품을 가져오려면 **'파일 업로드'**를 선택하면 됩니다.

[그림 3-4] 새 프로젝트 생성하기 화면

'**신규 생성하기**'를 선택하면 해당 창이 나타납니다. '새 작품 시작하기' 창의 좌측에 작품을 저장할 클라우드 서버가 보입니다. 우측엔 신규 프로젝트를 생성할 때 필요한 설정값이 나타납니다.

먼저 '드라마 대본', '영화 시나리오' 등 작품 포맷을 선택합니다. 드라마 대본과 영화 시나리오를 선택했을 때 제공되는 기본 포맷은 같습니다. 단, 드라마 프로젝트를 하려는 경우에는 12회, 16회 등 제한 없이 원하는 회차를 설정할 수 있습니다.

그리고 클라우드 서버에 저장할 파일명과 스토리명(작품명), 회차(작품 분량)을 입력한 후 '**작품 생성하기**'를 클릭하면 새로운 작품을 집필할 준비가 끝납니다.

3) 대본 붙여넣기

씨네디터의 편집 화면이 뜨면, 제일 먼저 해야 할 일은 대본 파일을 띄워놓은 후 클립보드에 복사, 붙여넣기를 하는 것입니다. 가장 일반적인 드라마 공모전 형식의 대본이라면 잘 파싱이 됩니다. 만약 파일 안에 기획안 내용까지 모두 있으면 파싱에 실패했다는 문구가 뜨게 되니, 반드시 대본만 따로 저장해서 모두 선택하여 복사, 붙여넣기를 하시기 바랍니다. 대본을 넣을 때 유의할 점을 몇 가지 정리해 드립니다.

1단계: 대본에서 전경만 있는 씬, 지문만 있는 씬은 삭제한다.

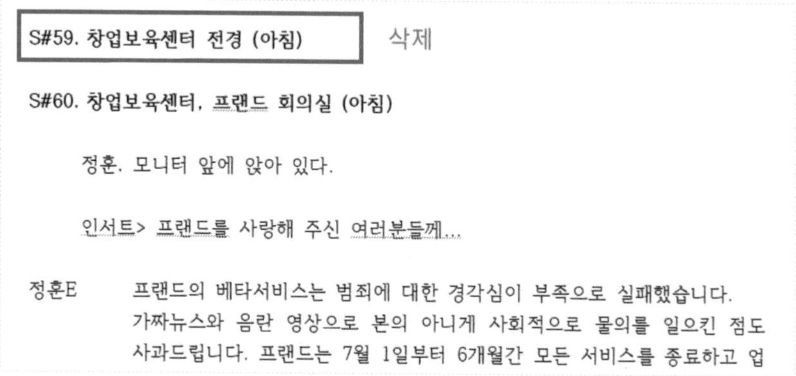

S#59. 창업보육센터 전경 (아침)   삭제

S#60. 창업보육센터, 프랜드 회의실 (아침)

　　정훈. 모니터 앞에 앉아 있다.

　　인서트> 프랜드를 사랑해 주신 여러분들께...

정훈E　　프랜드의 베타서비스는 범죄에 대한 경각심이 부족으로 실패했습니다.
　　　　가짜뉴스와 음란 영상으로 본의 아니게 사회적으로 물의를 일으킨 점도
　　　　사과드립니다. 프랜드는 7월 1일부터 6개월간 모든 서비스를 종료하고 업

[그림 3-5] 새 프로젝트 생성하기 화면

씬 59는 삭제하고, 씬 60은 그대로 둡니다. 그리고 파싱을 합니다.

2단계: 대본을 복사, 붙여넣기 해서 파싱합니다.

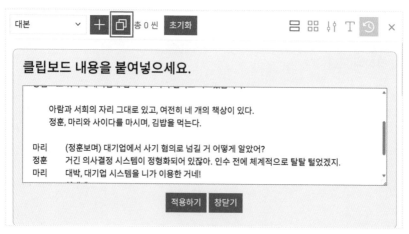

[그림 3-6] 새 프로젝트 생성하기 화면

3단계: Claude-3.5 sonnet으로 1차 생성을 합니다. 물론 생성을 하기 전에 포인트가 없다면 결제 페이지로 넘어갈 것입니다.

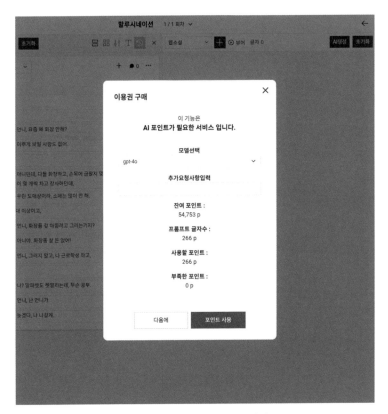

[그림 3-7] 웹소설을 생성하는 화면

'AI 생성'을 누르고 나서 가장 먼저 보이는 패널은 이용권 구매 패널입니다. 모델을 선택하면 하단에 포인트 결제가 필요하다는 창이 나옵니다. 포인트 결제를 누르면, 포인트 결제 화면으로 넘어갑니다. 결제는 프로젝트 단위별로 진행됩니다. 이유는 프로젝트별로 어느 정도의 AI를 활용했는지를 관리할 수 있도록 하기 위함입니다. 60분짜리 드라마 단막 대본의 경우 약 2만 5,000자 정도의 포인트가 차감됩니다. 따라서 5,000원을 결제하고 생성을 누르면 120분 분량까지 최대 웹 소설로 변형이 가능합니다.

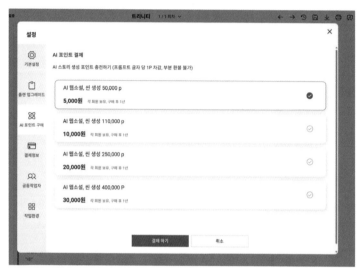

[그림 3-8] 웹소설을 생성하기 위해서 포인트를 결제하는 화면

추가요청사항입력

> 주인공 윤희의 감정을 자세히 묘사하는 웹소설로 생성해줘.|

[그림 3-9] 추가 요청 사항 입력 화면

4) 웹소설 생성하기

포인트가 충전된 상태에서는 추가 요청 사항을 구체적으로 입력하고 생성합 니다. 주인공의 이름을 지정하고, 그에 대한 감정 묘사를 세밀히 해달라거나 대 본의 대사를 그대로 두라거나 등등 지시가 구체적일수록 좋습니다.

[그림 3-10] 웹소설을 생성하는 화면

추가 요청 사항을 입력하고 생성을 누르면 웹소설이 생성됩니다. 웹소설은 길이에 따라서 생성 시간이 다릅니다.

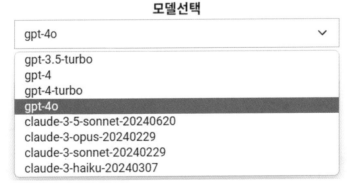

[그림 3-11] 모델 선택하기

예를 들어 60분 드라마 대본의 경우 웹소설 총 생성 시간이 10분 정도 걸립니다. 모델은 분량을 늘리고 좀 더 창의적인 표현을 원하는 경우 GPT-4o를 추천합니다. 2만 5,000자 드라마 대본을 파싱한 후 웹소설로 생성했을 때 최대 5만 자까지 생성됩니다. 그리고 최대한 작가님이 작성한 대사를 그대로 살리면서 형식만 웹소설로 바꾸고 싶다면, Claude-3.5를 추천 드립니다. 생성된 글자 수는 드라마 대본과 크게 다르지 않지만, 대사를 그대로 살리고 주인공의 감정을 잘 이해하고 표현하기에 적합한 모델입니다.

5) 웹소설을 워드로 다운로드 받기

생성된 결과물은 다운을 받아서 워드나 한글에서 작업하는 것을 추천 드립니다. 클라우드형 플랫폼의 특성상 스토리피아도 입력한 내용이 바로바로 반영되기는 하지만, 한글이나 워드를 사용할 때의 느낌과는 다릅니다. 화면이 흔들리기도 하고 약간의 불안 요소가 있습니다. 마치 구글 드라이브에서 직접 문서를 생성해서 작업하는 것과 같습니다. 그래서 워드로 다운 받는 것이 좋습니다.

또 하나의 이유는 GPT-4o나 Claude-3.5 sonnet으로 각각 웹소설을 생성한 후에 Claude-3.5 sonnet이 생성한 것을 기준으로 GPT-4o가 생성한 것을 첨가하는 방식의 작업으로 웹소설 창작의 효율성을 높일 수 있기 때문입니다.

[그림 3-12] 우측 상단의 다운 버튼을 눌러서 다운 받기

[그림 3-13] 워드와 웹소설을 선택하고 다운로드 클릭

다운

저장할 파일형식 *	씨네디터 (cined)	✅ MS워드 (doc)	엑셀 (excel)

저장할 영역 *

씨네디터	✅ 줄거리	✅ 세계관
✅ 인물설정	✅ 인물관계도	✅ 장소설정
✅ 시간설정	✅ 웹소설	✅ 트리트먼트
✅ 대본	✅ 스토리보드	프로덕션
✅ 웹툰	✅ 메모	

저장할 파일이름 *   트리니티

취소   다운로드

[그림 3-14] 저장할 파일명 바꾸기

하단에 저장할 파일 이름을 자유롭게 변형해서 저장이 가능합니다. GPT-4o나 Claude-3.5 sonnet 등 어떤 모델로 생성했는지 첨가하면 나중에 작업할 때 도움이 됩니다.

6) Vrew로 홍보 영상 생성하기

기존에 촬영한 영상을 Vrew로 하이라이트 편집을 할 수도 있고, 애초에 프롬 프트 몇 줄로 텀블벅에 올릴 영상을 생성하거나 출판 콘텐츠의 트레일러 영상을 생성할 수도 있습니다. Vrew의 프로젝트 활용을 추천하는 이유는 Vrew가 지속 적으로 발전하고 있고, 무료 크레디트가 월별로 주어지기 때문입니다.

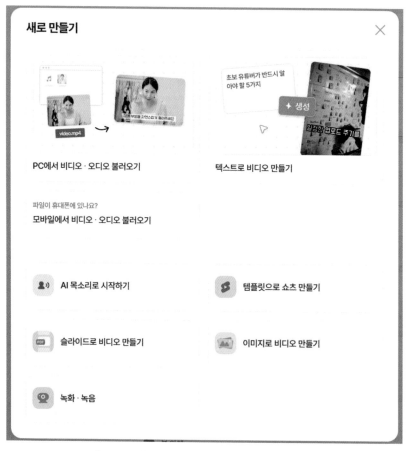

[그림 3-15] Vrew에서 텍스트로 비디오 만들기 화면

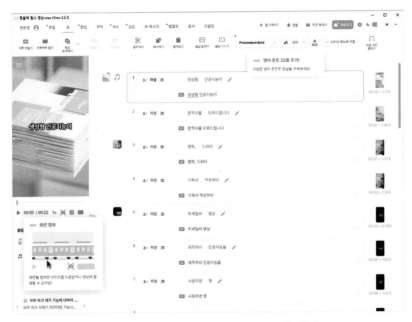

[그림 3-16] Vrew로 홍보 영상을 자동 생성하는 화면

[클라우드 서버에 실시간 저장하기]

[그림 3-17] 좌측 프로젝트 정렬 화면

에디터에서 집필한 작품은 모두 클라우드 서버의 폴더에 실시간으로 저장됩니다. 특별한 설정을 하거나 로컬 드라이브에 저장하지 않아도 작업 중인 기기를

'온라인' 상태로만 유지한다면 자동으로 스토리피아 클라우드 서버에 저장됩니다. 따로 '저장' 버튼 혹은 'Ctrl＋S'를 수시로 누르지 않아도 인터넷이 연결된 상태라면 클라우드 서버에서 가장 최신 버전의 작업물을 볼 수 있습니다.

[그림 3-18] 클라우드 데이터 저장 안내문

위 이미지와 같이, 상단 메뉴 바 좌측 4개의 아이콘 옆에서 클라우드 서버 저장 여부를 수시로 확인할 수 있습니다. 클라우드 서버 저장 상태는 총 4가지입니다.

'클라우드에서 작업'은 작업 중인 기기가 온라인 상태이며, 작업 중에 변경되는 사항을 클라우드에 저장할 준비가 되어 있다는 의미입니다.

'오프라인에서 작업'은 작업 중인 기기가 오프라인 상태이며, 작업 중에 변경되는 사항이 클라우드에 저장되지 않고 있다는 표시입니다. 에디터 작업 중인 브라우저 창을 닫기 전, 기기가 다시 온라인 상태가 되면 쌓여 있던 작업 데이터가 클라우드 서버에 전송되는 원리로 온전히 저장됩니다.

'저장 중'은 현재 유저가 집필 작업을 하고 있는 중이며 실시간으로 서버에 작업 내용이 전송되고 있다는 뜻입니다. 전송이 완료되면 '클라우드에 저장 완료' 표시가 나타납니다.

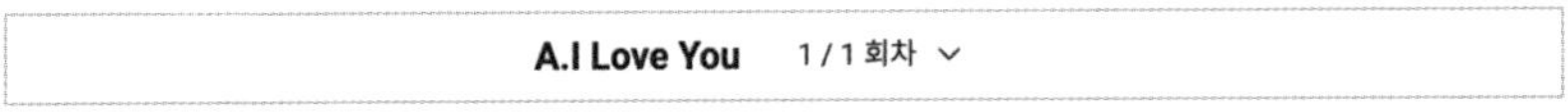

A.I Love You   1/1 회차 ∨

[그림 3-19] 프로젝트 제목 구성

'상단 메뉴 바'의 중앙 영역에서는 제목과 작품의 회차를 확인할 수 있습니다. '신규' 창에서 '기본 설정 회차'를 2회차 이상으로 설정하면 회차별로 시나리오 등을 작성할 수 있습니다.

7) 편집 및 기능 메뉴

[그림 3-20] 우측 상단 메뉴 바 아이콘

'상단 메뉴 바'의 우측 영역에는 차례로 '이전으로' '다음으로' '저장 시점 되돌리기' '저장하기' '다운로드' '인쇄하기' '통계' '인공지능' '흥행 예측' '설정' '도움말' '언어 설정' '개인 정보'가 있습니다.

- 이전으로: 빈 씬 하나를 추가한 상태에서 Ctrl/Command+Z 또는 이전으로 가기 버튼을 클릭하면 이전 상태로 돌아갑니다.
- 다음으로: 빈 씬이 추가되기 전으로 돌아갔다가 다시 추가된 상태로 돌아가기 위해 다음으로 버튼을 누르면 빈 씬이 다시 추가된 것을 확인할 수 있습니다.

[저장 시점 되돌리기]

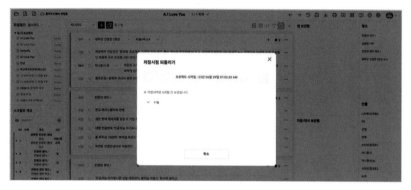

[그림 3-21] 저장 시점 되돌리기 스냅샷 기능

'저장 시점 되돌리기' 버튼을 클릭하면 위와 같은 화면을 확인할 수 있습니다.

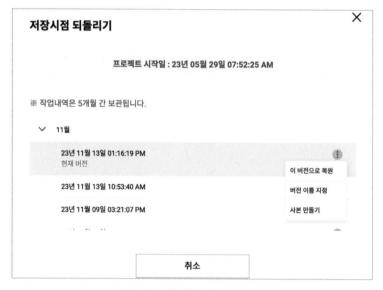

[그림 3-22] 작업 내역 보관 기능

각 시점의 작업 데이터가 저장되어 있습니다. 우측 아이콘을 클릭하면 이전의 버전 기록을 복원하거나, 버전 기록의 이름을 지정하여 저장하거나, 버전 기록의 사본을 만들 수 있습니다.

[저장하기]

[그림 3-23] 새 프로젝트로 저장하기

'저장하기' 버튼을 누르면 위와 같은 창이 나타납니다.

'새 프로젝트로 저장하기' 창에서 새로운 파일명을 입력, 저장하면 클라우드 서버에 현재 파일명과 다른 이름으로 프로젝트가 저장됩니다. 프로젝트가 저장되는 위치는 '클라우드 – 내 프로젝트'입니다.

'새 프로젝트로 저장하기'에서 파일명과 스토리명은 구분되어 있습니다. 파일명은 클라우드 서버에서 확인할 수 있는 프로젝트의 이름입니다. 스토리명은 프로젝트 상단 중앙에 보이는 작품의 제목입니다.

새 프로젝트로 저장하는 것이 아니라 동일한 파일명, 동일한 프로젝트로 저장하고 싶다면 디바이스를 온라인 상태에 두면 됩니다. 에디터는 클라우드 서버에 실시간 저장하여 프로젝트를 업데이트하는 방식을 사용하고 있기 때문에, 프로젝트 파일의 변경 사항을 업데이트할 때 특별한 저장 프로세스를 가지지 않아도 자동으로 저장됩니다.

[다운로드]

[그림 3-24] 프로젝트 세부 패널 항목별 다운로드

'다운로드' 창에서는 cined 형식, 워드(doc), 엑셀(xls) 형식으로 파일을 다운로드할 수 있습니다. cined는 에디터로 프로젝트 전체를 불러올 수 있는 파일 형식입니다. 각 패널은 마이크로소프트사의 워드 형식으로 로컬 드라이브에 저장할 수 있으며, 씬 리스트 패널의 경우 표 형태의 씬 리스트를 편집하기 쉽도록 엑셀 형식으로 로컬 드라이브에 저장할 수 있습니다.

여기서 '저장할 파일 이름'은 에디터에 저장되는 파일 이름이 아닌 다운로드될 파일의 이름입니다.

[인쇄하기]

[그림 3-25] 프로젝트 세부 패널 항목별 인쇄하기

'인쇄하기' 창에서는 각 패널별로 pdf 파일로 저장하거나, 프린트(인쇄)를 할
수 있습니다.

[통계]

[그림 3-26] 프로젝트 데이터 통계 제공

'통계' 창에서는 씬별, 장소별, 인물별, 개인 작업별, 협업 작업별 통계치를 확인할 수 있습니다.

[인공지능]

[그림 3-27] 인공지능 단어, 문장 생성기

'인공지능' 창은 단어, 문장, GPT - 3.5 Turbo, Llama2 탭으로 스토리피아 연구소에서 학습시킨 모델이 적용되어 있으며 각 탭에서 인공지능으로 단어, 문장, 줄거리 등을 생성해 볼 수 있습니다.

[흥행 예측]

[그림 3-28] 스토리피아만의 흥행 예측 1.0 버전 서비스

흥행 예측 서비스는 현재 프로젝트에 등록되어 있는 시나리오 파일에 한하여 기초적인 흥행 예측 결과를 제공하고 있습니다. 흥행 예측 서비스를 이용하고 싶으시다면 대본 샘플의 형식을 꼭 확인한 뒤 대본 샘플에 맞춰 작성한 대본을 업로드하고 신청하세요. 1회당 씬의 개수가 50씬 미만이거나 글자 수가 2만 5,000자 미만인 경우 흥행 예측 결과가 제공되지 않습니다.

[설정]: [설정 – 기본 설정 탭]

[그림 3-29] 프로젝트별 설정 기능

- **'스토리명'**은 '설정' 화면에서 수정 가능합니다. '스토리명'은 '상단 메뉴 바' 위에 보이는 제목으로, '클라우드 서버' 창에 있는 제목을 바꾸려면 스토리명을 바꾸면 됩니다.

- **'부제'**는 스토리명(제목)의 부제목입니다.

- **'협업 구분'**은 개인 작업, 공동 작업으로 구성된 협업 구분에서 기본 Default 값은 개인 작업입니다. 공동 작업으로 선택해야 공동 작업자 탭에서 공동 작업자를 추가할 수 있습니다.

- **'기본 설정 회차'**의 기본 설정 회차를 2회차 이상으로 설정하면 '상단 메뉴 바' 위에 보이는 제목 옆 회차 선택에서 회차를 선택하여 작업할 수 있습니다.

- **'작업 상태'**는 작업 중, 보류, 제작사 검토 중, 완료로 구성되어 있어 프로젝트의 작업 상태에 따라 설정해 두면 편합니다.

- **‘소개’**는 프로젝트에 대한 소개나 스토리에 대한 소개를 적습니다.
- **‘로그라인’**에는 소개와 로그라인을 작성할 수 있습니다.

[설정 – 공동 작업자 탭]

[그림 3-30] 공동 작업자 탭

'기본 설정' 탭에서 협업 구분을 공동 작업으로 체크한 경우 공동 작업자 탭이 활성화됩니다. 공동 작업자 탭에서는 스토리피아 계정이 있는 멤버를 추가하고 함께 작업할 수 있도록 멤버 관리가 가능합니다.

[설정 - 작업 환경 탭]

[그림 3-31] 작업 환경 설정

'작업 환경' 탭에서는 러닝타임 계산기에 사용될 '문자당 시간' 설정과 라이트/다크 모드를 선택할 수 있습니다. 최초에는 기본값으로 세팅됩니다. 따라서 작가에게 맞는 문자당 시간을 수정해서 저장해 두면 프로젝트의 회차당, 씬당 시간을 계산할 수 있습니다.

[언어 설정]

[그림 3-32] 언어 설정

언어 설정은 현재 한국어와 영어를 지원하고 있습니다.

[개인 정보]

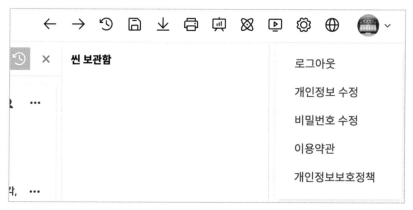

[그림 3-33] 개인 정보 수정 및 업데이트 기능

개인 정보 버튼으로 로그아웃, 개인 정보 수정, 비밀번호 수정을 하고 이용약관, 개인정보보호정책에 대해 확인할 수 있습니다.

[그림 3-34] 좌측 프로젝트 파일 관리와 스크립트 개요 창

이번에는 파일 열기 위젯과 스크립트 개요 위젯에 대해 설명하겠습니다.

1) 파일 열기 위젯

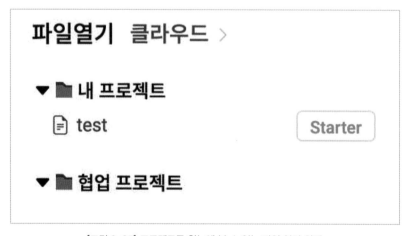

[그림 3-35] 프로젝트를 한눈에 볼 수 있는 파일 열기 위젯

파일 열기(클라우드 서버) 위젯은 에디터 시작 화면에 나타난 파일 열기 창과 같은 역할을 합니다. 파일 열기 창에서 각각의 프로젝트는 공동 작업자 유무에 따라 '내 프로젝트'와 '협업 프로젝트'로 구분되어 보입니다. 작품 제목을 클릭하면 에디터 메인 화면에 해당 작품이 열립니다.

2) 스크립트 개요 위젯

[그림 3-36] 스크립트 개요에서 검색 기능

스크립트 개요 위젯은 검색 영역과 시나리오 각 씬의 개요를 포함합니다.

[그림 3-37] 패널 한눈에 보기

검색 영역에서 필터 아이콘을 클릭하면, 패널을 선택할 수 있습니다. 패널 선택 후 검색 영역에 검색어를 입력하고 Enter 키를 누르면 프로젝트 내 검색이 실행됩니다.

스크립트 개요

Search... 🔍

S#	시제	장소	시간
▶ 1	-	**광화문 전광판 (영상 소스** 광화문 전광판 (영상 소스	**사용+목** 소리
▶ 2	-	**컨벤션 센터 /** 컨벤션 센터 /	낮
▶ 3	-	**컨벤션 센터 /** 컨벤션 센터 /	낮
▶ 4	-	**컨벤션 센터 복도 /** 컨벤션 센터 복도 /	낮
▶ 5	-	**컨벤션 센터 복도 /** 컨벤션 센터 복도 /	낮
▶ 6	-		
▶ 7	-	**컨벤션 센터 복도 /** 컨벤션 센터 복도 /	낮

[그림 3-38] 스크립트 개요 검색하기

스크립트 개요에서는 씬 넘버, 시제, 대장소와 시간 항목을 볼 수 있습니다.

[그림 3-39] 검색/찾아 바꾸기

검색 영역 오른쪽 '돋보기' 버튼을 클릭하면 검색/찾아 바꾸기 창이 팝업됩니다. 'Ctrl + F' 단축키를 사용해도 동일한 검색/찾아 바꾸기 창이 팝업됩니다. 검색/찾아 바꾸기 창에서 검색어를 입력한 후 검색 범위를 선택, Enter 키를 누르면 검색이 실행됩니다.

스크립트 개요

S#	시제	장소	시간
▼ 1	-	**아파트 전경** 아파트 전경	아침
▶ 2	-	**민아의 집 거실** 민아의 집 거실	오후
▶ 3	-	**유빈의 방** 유빈의 방	오후
▶ 4	-	**민아의 집 1층 현관** 민아의 집 1층 현관	아침
▶ 5	-	**학교 전경** 학교 전경	아침
▶ 6	-	**학교 정문 앞** 학교 정문 앞	아침
▶ 7	-	**민아의 변호사 사무실 전경** 민아의 변호사 사무실 전경	아침

[그림 3-40] 스크립트 개요 확인하기: 대장소/소장소

검색 영역 아래에 위치한 목록은 각 씬의 순번, 시제, 장소, 시간을 나타내어 시나리오 패널에서 입력한 씬의 개요를 한눈에 확인할 수 있습니다.

각 씬을 클릭하면 시나리오 패널에서 해당 씬으로 자동 스크롤됩니다. 씬을 수정할 때마다 일일이 스크롤할 필요 없이 커서 위치를 간편하게 이동할 수 있는 기능입니다.

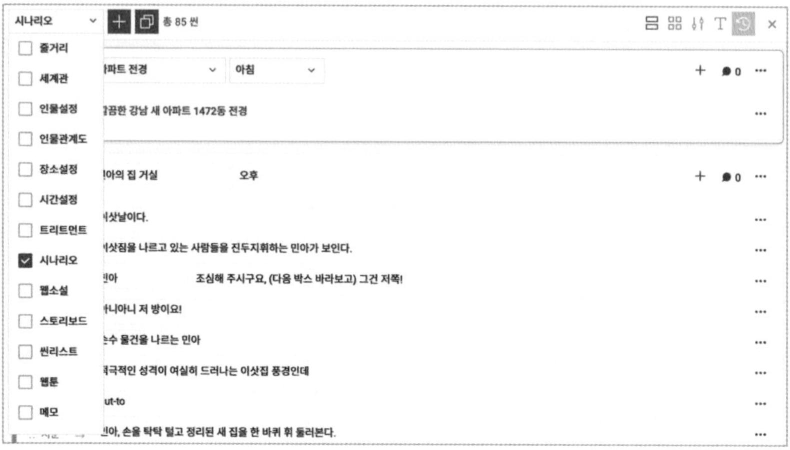

[그림 3-41] 패널 영역 선택하기

각 패널을 열고 닫을 수 있는 카테고리 박스는 패널 영역 좌상단에서 확인할 수 있습니다. 카테고리 박스로 선택할 수 있는 패널의 리스트는 다음과 같습니다.

- 줄거리/세계관/인물 설정/인물 관계도/장소 설정/시간 설정/웹소설/트리트먼트/시나리오*/스토리보드/씬 리스트/웹툰/메모

  *시나리오는 기본이 되는 패널입니다. 열려 있는 패널을 모두 닫거나 프로젝트를 새로 생성했을 경우 시나리오 패널이 보입니다.

[그림 3-42] 패널 펼치기

듀얼 모니터를 사용하거나 화면 비율이 큰 모니터에서는 패널 다중 선택이 가능하며 패널을 여러 개 띄워두고 작업할 수 있습니다. 가로로 긴 모니터를 사용할수록 더 많은 패널을 열 수 있습니다. 예를 들어 업무용이나 게임용으로 울트라 와이드형 모니터를 이용하는 경우 모든 패널을 띄워 사용할 수 있습니다.

[그림 3-43] 와이드 모니터 이미지

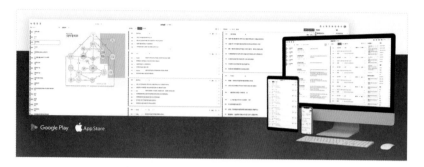

[그림 3-44] 울트라 와이드 모니터에 펼친 화면

[그림 3-45] 카드별 색상 저장 및 패널 닫기

여러 패널이 열려 있을 때 패널 닫기를 의미하는 '×' 버튼을 클릭하면 해당 패널이 닫힙니다. 모든 패널의 중심은 시나리오 패널입니다. 웹소설, 스토리보드 모두 시나리오 패널을 중심으로 유기적으로 연결되어 있습니다. 웹소설을 쓰는 경우, 시나리오 패널을 띄우지 않고도 AI 생성을 누를 수 있고, 이미 등록되어 있는 시나리오 패널에 있는 씬별로 웹소설이 생성됩니다.

1) 시나리오 패널

[단축키 정보]

구분	Windows OS	Mac OS
지문 〈-〉 대사	Ctrl + Q	control + Q
지문/대사 삭제	Del	option + backspace(delete)
씬 삭제	Del	backspace(delete)
지문/대사 추가	Ctrl + Enter	cmd + Enter
검색/찾아 바꾸기	Ctrl + F	cmd + F
씬 다중 선택	Ctrl + 클릭 지정	cmd + 클릭 지정
저장하기	Ctrl + S	cmd + S
선택된 씬 아래(후)에 씬 추가	Ctrl + 플러스	cmd + 플러스
선택된 씬 위(전)에 씬 추가	Ctrl + 마이너스	cmd + 마이너스
지문/대사/씬 복제	Ctrl + D	cmd + D
회차 전체 씬 선택	Ctrl + A	cmd + A
씬 보관함에 씬 넣기	Ctrl + X	cmd + X

[시나리오 패널 탭 구성]

[그림 3-46] 시나리오 패널의 탭

시나리오 패널은 4개의 탭으로 구성되어 있습니다.

왼쪽부터 순서대로 블록형, 섬네일형, 수직 라벨형, 텍스트 에디터 보기 탭입니다.

(1) 블록형

[그림 3-47] 블록형 패널 보기

블록형 탭은 시나리오 패널 보기 탭 중 기본으로 세팅되어 있습니다.

먼저 카테고리 박스 옆 버튼의 기능부터 살펴보겠습니다.

[씬 추가]

[그림 3-48] 씬 추가 생성하기 버튼

첫 번째 버튼은 '씬 추가' 기능을 가지고 있습니다.

선택된 씬(진한 테두리)이 있는 경우 씬 추가 시 선택된 씬의 뒤에 씬이 추가됩니다.

최초 생성된 프로젝트에서 선택된 씬 없이 씬 추가 시에는 맨 위에 새로운 씬이 생성됩니다.

[그림 3-49] 씬 바로 추가

(씬 장소 입력/씬 시간 입력) 생성된 씬 영역(S#1 영역)에는 '장소'와 '시간'을 입력할 수 있습니다.

장소 입력 창에 원하는 장소를 입력하고 Enter를 치면 자동으로 장소 등록이 되고 '우측 보관함 영역 – 장소'에서 확인할 수 있습니다.

[붙여넣기]

[그림 3-50] 클립보드를 활용하여 한글, 워드, 텍스트 데이터 붙여넣기

두 번째 버튼은 '붙여넣기' 기능을 가지고 있습니다.

붙여넣기 버튼을 클릭하면 위 그림과 같은 칸이 나타납니다.

이에 hwp, doc 등 외부 프로그램에서 작성된 텍스트를 붙여 넣어 에디터에 삽입할 수 있습니다.

시나리오의 씬 넘버, 장소, 시간, 지문, 대사 등의 요소를 구분하여 붙여넣기 위해서는 몇 가지 구분자가 필요합니다.

[시나리오 붙여넣기 구분재]

구분자	설명
S# 또는 #	씬 구분(씬 번호 구분자) 정규식 /[.,\/#!$%\^&*;:{}=\-_`~()]/g와 같이 구두점 등을 제거한 숫자가 씬 번호가 됨 주의할 점은 여기서 취득한 씬 번호가 시나리오 삽입 시 순서 번호로 대체된다는 것
두 번째 어절: 장소 세 번째 어절: 시간	씬 번호가 존재하는 라인을 공백 문자로 분리
두 번째 어절: 장소 세 번째 어절: 시간	씬 번호 아래 라인들은 순차적으로 분리 대사: 양끝 공백을 제거한 문장이 탭(/t)으로 구분되는 라인 지문 대사로 구분되지 않는 모든 라인

참고하여 한글 혹은 워드 파일에서 시나리오를 수정한 후 복사, 붙여넣기 하면 더욱 정확하게 시나리오를 에디터로 옮길 수 있습니다.

[씬 블록]

이제 시나리오의 내용 부분을 살펴보겠습니다.

블록형 보기 탭에서는 시나리오의 본문이 블록 형태로 나타납니다.

[그림 3-51] 씬 블록에 가중치 체크

좌측 아이콘은 차례대로 씬 컨트롤, 씬 넘버, 라벨 선택 기능을 가지고 있습니다.

- 씬 컨트롤 아이콘을 클릭한 채 위아래로 이동하면 씬을 위아래로 이동 배치할 수 있습니다. 대사/지문 옆의 컨트롤 아이콘도 동일한 기능을 합니다.
- 씬 넘버는 에디터에서 부여하는 번호이며, 따로 수정할 필요 없이 순서대로 씬를 추가하거나 씬 순서가 변경될 때마다 자동으로 수정됩니다.
- 아래 화살표 아이콘을 클릭하면 5개 색상 팔레트가 나타납니다. 기본 색상은 검정색이며, 특별히 구분하고자 하는 씬은 다른 색을 선택하면 됩니다. 선택한 색은 해당 씬의 라벨 컬러가 되어 씬 블록의 테두리에 반영됩니다.

[그림 3-52] 씬에서 콘텐츠 추가하기 버튼

우측 3개의 아이콘은 차례대로 대사/지문 추가, 메모, 씬 관리 기능을 가지고 있습니다.

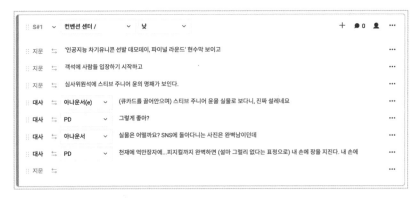

[그림 3-53] 지문 생성

대사/지문 추가 아이콘을 클릭하면, 선택된 대사/지문 다음에 새로운 지문이 생성됩니다.

[그림 3-54] 지문/대사 상호작용

생성된 지문 옆의 화살표를 클릭하면 대사를 입력할 수 있습니다.

대사 입력 후 'Ctrl + Enter' 키를 누르면 대사 입력 영역이 아닌 기본값인 지문 입력 영역이 자동으로 추가 생성됩니다. 대사 입력 영역을 클릭하고 'Del' 키를 누르면 해당 대사가 삭제됩니다.

[그림 3-55] 뷰어 권한에서도 메모 삽입 가능

메모 아이콘을 클릭하면, 선택된 씬에 메모를 삽입할 수 있습니다. 직접 입력하거나 참고할 파일 등을 첨부할 수 있습니다.

[그림 3-56] 씬 관리 아이콘의 세부 기능

씬 관리 아이콘을 클릭하면 관리 메뉴가 나타납니다.

- 씬 추가: 선택된 씬 아래에 새로운 씬이 추가됩니다.

- AI 생성 씬 추가: 생성형 AI로 생성된 씬이 추가됩니다.

- 보관함: 우측 씬 보관함에 선택된 씬이 보관됩니다. 삭제하거나 다시 꺼내 시나리오에 배치할 수 있습니다.

- 씬 복제: 선택된 씬이 복제됩니다.

- 위로: 선택된 씬이 직전 씬의 앞 순서로 이동, 배치됩니다.

- 아래로: 선택된 씬이 직전 씬의 뒤 순서로 이동, 배치됩니다.

- 삭제: 선택된 씬이 삭제됩니다.

[그림 3-57] 대사, 관리 아이콘의 세부 기능

지문/대사 관리 아이콘도 씬 관리 아이콘과 유사한 기능을 합니다.

- 위로: 선택된 지문/대사가 직전 지문/대사의 앞 순서로 이동, 배치됩니다.

- 아래로: 선택된 지문/대사가 직전 지문/대사의 뒤 순서로 이동, 배치됩니다.

- 처음: 선택된 지문/대사가 씬의 가장 첫 번째 지문/대사가 됩니다.

- 맨 끝: 선택된 지문/대사가 씬의 가장 마지막 지문/대사가 됩니다.

- 보관함: 선택된 지문/대사가 지문/대사 보관함에 보관됩니다.

- 씬 분할: 선택된 지문/대사부터 새로운 씬으로 2분할됩니다.
- 삭제: 선택된 지문/대사가 삭제됩니다.

(2) 섬네일형

[그림 3-58] 씬 섬네일로 구조 보기

섬네일형 보기 탭은 씬을 작은 블록으로 디자인하여 씬 단위로 시나리오를 수정하기 용이하도록 만들어졌습니다.

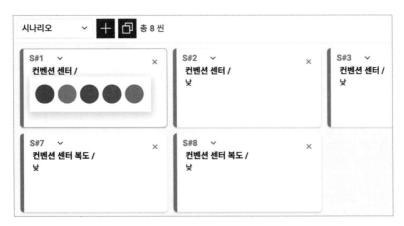

[그림 3-59] 씬 섬네일의 가중치

좌상단의 아래 화살표 아이콘을 클릭하면 '리스트형 보기'에서와 같이 라벨 색상을 선택할 수 있는 색상 팔레트가 나타납니다.

[그림 3-60] 씬 섬네일

우상단의 '×' 아이콘을 클릭하면 불필요한 씬을 삭제할 수 있습니다.

씬 블록을 마우스로 끌어당겨 놓으면 씬 배치를 간편하게 수정할 수 있습니다.

씬 보관함으로 씬 블록을 끌어당겨 놓으면 씬이 보관함으로 이동합니다.

(3) 수직 라벨형

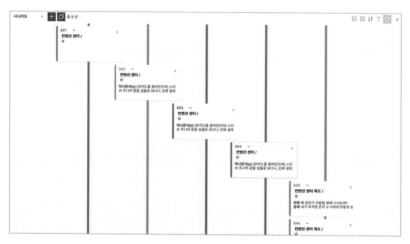

[그림 3-61] 수직 라벨형으로 감정선 정리하기

수직 라벨형 보기 탭에서는 지정한 색상 라벨과 씬 순번에 따라 정리된 씬 리스트를 확인할 수 있습니다.

각 씬의 좌상단 아래 화살표 아이콘을 클릭하면 라벨 색상을 변경할 수 있는 색상 팔레트가 나타납니다.

우상단의 '×' 아이콘을 클릭하면 불필요한 씬을 삭제할 수 있습니다.

또한, 마우스 클릭한 채 위아래로 끌어당겨 이동하면 씬 순번을 바꿔 배치할 수 있습니다.

(4) 텍스트 에디터

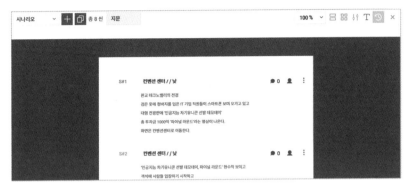

[그림 3-62] 텍스트 에디터에서 편집하기

텍스트 에디터 탭에서 워드 프로세서 형태로 작품을 집필할 수 있습니다. 텍스트 에디터는 다른 탭보다 에디터 기능이 강조되어 있기 때문에 집필 시작 단계부터 사용하기에 편리합니다.

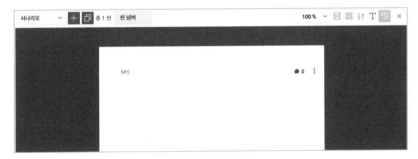

[그림 3-63] 텍스트 에디터에서 씬 넘버

텍스트 에디터 탭에서만 보이는 버튼 중 첫 번째는 툴바입니다.

툴바는 기본적으로 내가 편집하고 있는 것이 시나리오의 어떤 부분인지 알려줍니다. 씬 넘버를 입력 중이라면, 이미지처럼 씬 넘버라고 표시됩니다.

[그림 3-64] 텍스트 에디터에서 편집하기

툴바는 씬 넘버, 시제, 장소, 시간, 지문, 인물, 대사, 대사 효과, 삽입 장면을 구분해서 표시합니다. 툴바에서 씬 넘버, 시제, 장소, 시간, 지문, 인물, 대사, 대사 효과, 삽입 장면 중 하나를 클릭하면 해당 항목을 입력할 곳으로 커서가 이동합니다.

[그림 3-65] 씬 넘버 삽입하기

텍스트 에디터 탭에서 시나리오를 입력하는 방법을 더 자세히 설명 드리겠습니다. 먼저 빈 페이지에 마우스로 클릭을 하면, 위 그림과 같이 씬이 생성됩니다. 씬이 생성되었을 때 커서는 '씬 넘버'에 있습니다.

S#1   **컨벤션 센터**

[그림 3-66] 장소 입력하기

이때 Tab 키를 누르면 장소 입력 칸으로 커서가 이동됩니다. 장소를 입력하고, 또 Tab 키를 누르면 시간 입력 칸으로 커서가 이동됩니다.

이렇게 씬 넘버와 시간, 장소 등 씬에 대한 정보를 모두 입력하였습니다.

다음은 지문/대사 입력입니다.

① 시간을 입력한 후, ENTER 키를 누르면 다음 줄로 커서가 이동됩니다.

② 가장 왼쪽에 커서가 위치했을 때 대사를 하는 캐릭터 이름을 입력할 수 있습니다.

③ 캐릭터의 이름을 입력한 후에는 Tab 키를 눌러 대사 칸으로 이동합니다.

④ 캐릭터 이름 오른쪽에 대사를 입력합니다.

지문 입력 방법을 설명하겠습니다.

① 위와 같이 가장 왼쪽에 커서가 위치했을 때, 캐릭터 이름을 입력하지 않고 Tab 키를 한 번 더 누르면 지문 입력 칸으로 커서가 이동합니다.

② 해당 칸에 지문을 입력합니다.

한 씬을 모두 집필하고 다음 씬을 생성하는 방법을 설명 드리겠습니다.

상단 바의 아이콘을 클릭하여 다음 씬 집필을 시작할 수도 있지만, ENTER 키를 연속으로 2번 누르는 방법을 사용하면 간편하게 다음 씬을 생성할 수 있습니다.

페이지 넘버는 자동으로 입력됩니다.

(5) 버전 기록

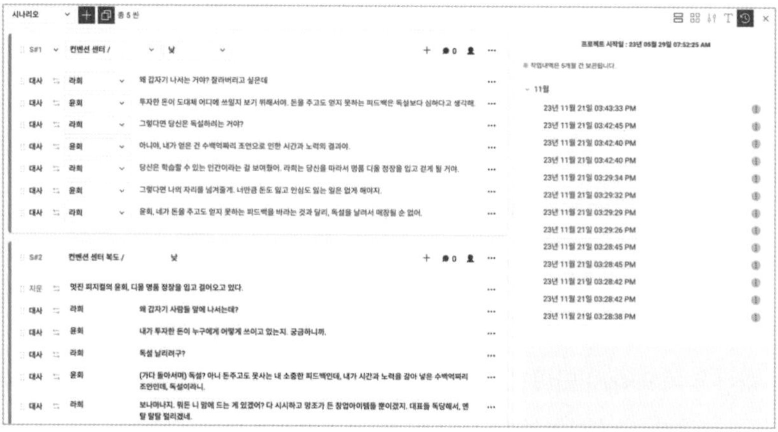

[그림 3-67] 프로젝트 스냅샷, 프로젝트를 과거 버전으로 돌리는 기능

4가지 보기 탭 오른쪽의 버전 기록 아이콘을 클릭하면, 수정된 시간에 따라 저장된 여러 버전의 시나리오를 확인할 수 있습니다. 월별로 목록화가 되어 있습니다.

[그림 3-68] 과거 버전을 한눈에 열람하는 기능

그중 현재 버전의 시나리오(왼쪽)와 비교하고자 하는 버전을 클릭하면 아래에 해당 버전의 시나리오 텍스트가 나타납니다.

해당 시점에 수정되어 삭제된 부분은 빨간색과 취소선으로 보이고, 수정되고 추가된 부분은 파란색으로 구분됩니다.

[그림 3-69] 스토리피아의 과거 버전 복원 기능

버전 기록 목록의 우측 더 보기 아이콘을 클릭하면 선택한 버전으로 복원하거나, 이름을 지정하거나, 사본을 만들 수 있습니다. 이는 상단 메뉴 바의 '저장 시점 되돌리기' 창 메뉴와 동일합니다.

2) 줄거리 패널

[그림 3-70] 줄거리 패널 선택하기

줄거리 패널은 카테고리 박스를 열어 줄거리를 클릭하면 나타납니다.

[그림 3-71] 24블록 또는 기본 블록으로 선택하기

줄거리 패널은 '24블록'과 '기본'이 옵션으로 있습니다.

[그림 3-72] 24블록 옵션 선택하기

24블록은 김태원 작가가 제안하는 24개의 플롯 구성입니다.

줄거리 패널의 24블록 옵션에서는 각 블록별로 회차와 씬을 선택할 수 있습니다. 시나리오 패널에서 씬을 입력했다면 블록별로 연관이 있는 회차와 씬을 선택할 수 있습니다.

[그림 3-73] 텍스트 에디터에서 쓰기

기본 옵션은 줄글로 줄거리를 작성 가능한 작성 옵션입니다.

3) 세계관 패널

세계관	∨ 글자 0 라인 8
☐ 줄거리	
☑ 세계관	
☐ 인물설정	
☐ 인물관계도	
☐ 장소설정	
☐ 시간설정	
☐ 트리트먼트	
☐ 시나리오	
☐ 웹소설	
☐ 스토리보드	

[그림 3-74] 세계관 쓰기

'세계관 패널'에서는 프로젝트(작품)의 세계관을 작성할 수 있습니다.

[그림 3-75] 세계관 항목의 예시

세계관의 항목으로는 지도, 타임라인, 계보도, 자연, 문화, 언어, 신화, 철학이 있습니다. 작품의 세계관을 세팅할 때 기록해 두는 용도로 유용한 패널입니다. 줄거리 패널과 동일한 방법으로 각 항목 칸에 줄글로 작성하면 됩니다.

향후 스토리피아에서는 이 세계관 입력을 하면 대본이 회차별로 나오는 기능을 추가하기 위해 연구 중입니다. 아직은 초기 단계이지만 머지않아 완성할 수 있으리라고 생각됩니다.

4) 인물 설정 패널

[그림 3-76] 인물 설정하기

[그림 3-77] 인물 추가하기

　인물 설정 패널에서는 시나리오 패널에서 추가된 인물들의 목록을 모아 볼 수 있습니다. 카테고리 박스 오른쪽의 아이콘을 누르면 새로운 인물 입력 칸이 생성됩니다.

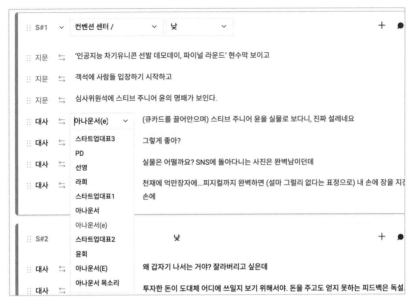

[그림 3-78] 인물 설정 패널에서 인물 추가하기

만약 시나리오 패널에서 내용을 입력하지 않고 인물 설정 패널에서 인물을 먼저 설정한 경우, 시나리오 패널에서 대사 입력 시 인물을 선택하여 대사를 작성할 수도 있습니다.

[그림 3-79] 리셋으로 초기화하기

패널의 상단에 위치한 칸은 검색어 입력 영역입니다. '리셋' 버튼을 누르면 입력한 검색어가 초기화됩니다.

인물 설정 입력 칸에는 좌측부터 '이미지', '이름', '성별', '연령' 그리고 하위의 '부가 설명'까지 각각 기입할 수 있습니다.

우측에 위치한 말풍선 버튼을 누르면 각 인물에 대한 메모를 입력할 수 있습니다. 휴지통 버튼을 누르면 해당 인물을 삭제합니다.

5) 인물 관계도 패널

[그림 3-80] 인물 관계도 패널 선택하기

인물 관계도 패널에서 위 이미지에 표시된 빈 영역을 클릭하면 이미지 편집기 창을 열 수 있습니다. 이곳에 인물 관계도를 추가합니다.

[그림 3-81] 이미지 편집기를 사용하여 인물 관계도 그리기

이미지 편집기 창에서 직접 관계도를 그리거나, 이미지를 복사/붙여넣기 하여 인물 관계도를 입력할 수 있습니다.

이미지를 복사/붙여넣기로 업로드할 시에는 Ctrl + C/Ctrl + V 키를 이용하면 됩니다.

6) 장소 설정 패널

[그림 3-82] 장소 설정 패널

[그림 3-83] 장소 설정으로 대장소/소장소 세팅하기

장소 설정 패널에서는 시나리오 패널에서 추가된 장소들의 목록을 모아 볼 수 있습니다. 카테고리 박스 오른쪽의 아이콘을 누르면 새로운 장소 입력 칸이 생성됩니다.

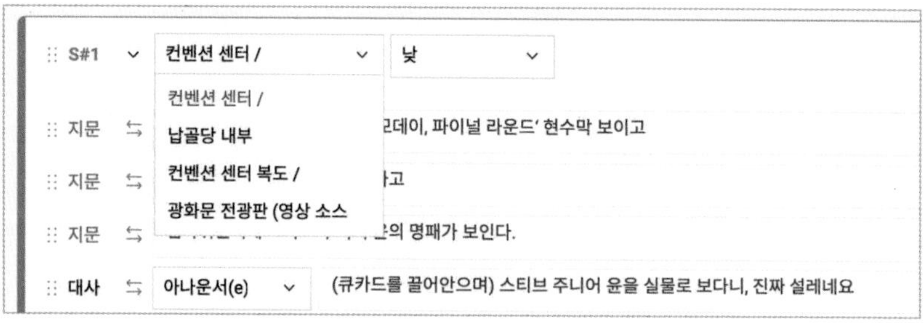

[그림 3-84] 입력되어 있는 장소 한눈에 보기

만약 시나리오 패널에서 내용을 입력하지 않고 장소 설정 패널에서 장소 먼저 설정한 경우, 시나리오 패널에서 씬 생성 시 장소를 목록 중 선택해서 작성할 수도 있습니다.

[그림 3-85] 장소 설정 패널

패널 상단에 위치한 칸은 검색어 입력 영역입니다. '리셋' 버튼을 누르면 입력한 검색어가 초기화됩니다.

장소 설정 입력 칸에는 좌측부터 '이미지', '장소 이름' 그리고 하위의 '부가 설명'까지 각각 입력할 수 있습니다. 이미지도 추가 가능합니다.

[그림 3-86] 장소에 대한 부가 설명 쓰기

우측에 위치한 말풍선 버튼을 누르면 각 장소에 대한 메모를 입력할 수 있습니다. 휴지통 버튼을 누르면 해당 장소를 삭제합니다.

7) 시간 설정 패널

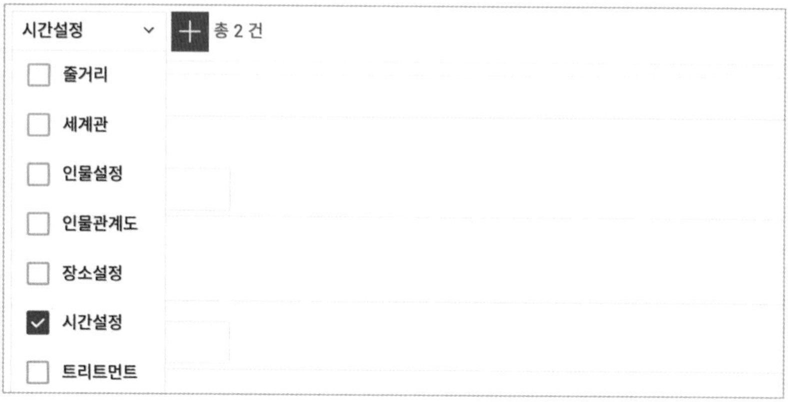

[그림 3-87] 시간 설정 패널 사용하기

[그림 3-88] 시간 설정 패널 리셋 버튼 사용하기

시간 설정 패널에서는 시나리오 패널에서 입력된 각 씬의 시간을 모아 볼 수 있습니다. 카테고리 박스 오른쪽의 아이콘을 누르면 새로운 시간 입력 칸이 생성됩니다.

[그림 3-89] 시간 입력하기

만약 시나리오 패널에서 내용을 입력하지 않고 시간 설정 패널에서 시간을 먼저 설정한 경우, 시나리오 패널에서 씬 생성 시 시간을 목록 중 선택해서 작성할 수도 있습니다.

[그림 3-90] 시간 설정하기

패널의 상단에 위치한 칸은 검색어 입력 영역입니다. '리셋' 버튼을 누르면 입력한 검색어가 초기화됩니다.

시간 설정 입력 칸에는 좌측부터 '낮', '밤'과 같은 시간 표현 그리고 하위의 부가 설명까지 각각 기입할 수 있습니다.

우측에 위치한 말풍선 버튼을 누르면 각 시간에 대한 메모를 입력할 수 있습니다.

휴지통 버튼을 누르면 해당 시간을 삭제합니다.

8) 트리트먼트 패널

[그림 3-91] 트리트먼트 쓰기

[그림 3-92] 트리트먼트로 기획 시작하기

트리트먼트 패널은 스토리의 줄거리에 대사가 추가된 형태로 집필할 수 있는
패널입니다. 시나리오를 본격적으로 작성하기 전, 기획 단계에서 유용하게 사용
할 수 있습니다.

[그림 3-93] 플러스 버튼으로 씬 추가하기

카테고리 박스 오른쪽 버튼을 눌러 새로운 씬 추가가 가능합니다.

[그림 3-94] 씬 관리 메뉴

트리트먼트 패널 씬 블록 우측 상단에는 말풍선 아이콘과 씬 관리 아이콘이 있습니다. 말풍선 아이콘을 클릭하여 메모를 추가할 수 있습니다.

씬 관리 아이콘을 클릭하면 관리 메뉴를 확인할 수 있습니다. 관리 메뉴에서 씬 추가, 보관함으로 이동, 위로 이동, 아래로 이동, 삭제 기능을 사용할 수 있습니다.

[그림 3-95] 패널에 문장 쓰기

트리트먼트 패널에서도 시나리오 패널에서 대사 혹은 지문을 입력하듯 문장을 쓸 수 있습니다.

9) 웹소설 패널

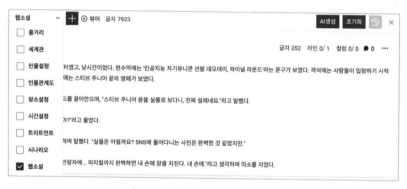

[그림 3-96] 웹소설 패널 선택하기

먼저 상단 바를 살펴보겠습니다.

[그림 3-97] 웹소설에서 화 추가하기

카테고리 박스 바로 오른쪽의 버튼은 '화 추가' 기능을 합니다. 작업 중이던 화 다음에 새로운 화가 추가됩니다.

웹소설 기능을 사용할 때, 최근 E-pub 파일로 출판하기 위해 워드를 쓰는 경우가 많습니다. 직접 스토리피아에서 글을 작성하는 것도 좋지만, 워드로 다운로드 받아서 파일을 수정하고 E-pub 파일로 변환해서 출판하는 것을 추천 드립니다.

[그림 3-98] 웹소설에서 뷰어로 한눈에 보기

화 추가 버튼 오른쪽의 버튼을 클릭하면 뷰어가 나타납니다.

[그림 3-99] 웹소설 뷰어 화면

뷰어는 웹소설 플랫폼의 애플리케이션에 E-pub 파일을 이용하여 업로드한 것과 유사한 형태로 작업 중인 웹소설을 미리 볼 수 있게 합니다.

[그림 3-100] 웹소설 컨트롤 박스

좌상단의 박스를 클릭해서 어떤 회차를 볼 것인지 정할 수 있습니다.

상단 바 중앙의 화살표는 왼쪽부터 각각 처음, 이전 페이지, 다음 페이지, 끝으로 이동하는 기능을 합니다.

상단 바 우측의 버튼을 이용하여 폰트 크기를 (–)줄이고, (+)키울 수 있으며 비율로 폰트 크기를 조절할 수 있습니다.

[그림 3-101] 전자책처럼 미리 보기 화면

가장 오른쪽의 아이콘을 클릭하면 뷰어를 전체 화면 모드로 전환할 수 있습니다.
ESC 키를 누르면 다시 원래 크기로 돌아옵니다.

[그림 3-102] 생성 및 초기화 버튼

상단 바의 우측에는 'AI 생성'과 '초기화', '버전 기록' 버튼이 있습니다.

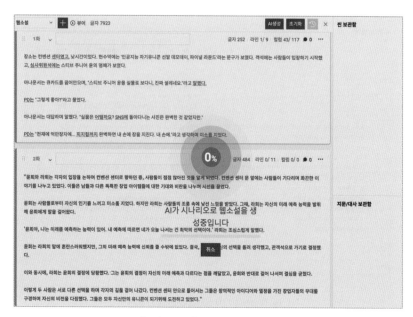

[그림 3-103] 웹소설 생성 아이콘

시나리오 패널에서 입력한 스토리가 있을 때, AI 생성 버튼을 누르면 생성형 AI가 시나리오를 웹소설로 바꾸어줍니다. 이 기능을 개발한 이유는 드라마화를 위한 원천 스토리로서 웹소설을 먼저 출판하면 독자들의 반응도 볼 수 있고, 원천 스토리가 있는 스토리가 되기 때문에 드라마화가 될 기회가 더 늘어날 수도 있기 때문입니다. 아직 AI가 드라마 대본을 웹소설로 바꿔주거나 일부분을 작성할 때 결과물이 완전하지는 않습니다. 작가님들의 재창작이 필요한 초고일 뿐입니다. 하지만 GPT가 끊임없이 발전함에 따라 생성된 웹소설을 그대로 출판할 수 있는 날이 머지않은 것 같습니다.

[그림 3-104] 초기화 이후의 상태

초기화 버튼을 누르면 작업한 웹소설 혹은 AI로 생성한 웹소설 내용이 모두 사라집니다.

[그림 3-105] 웹소설 버전 저장 기능

초기화 버튼 옆 오른쪽의 버전 기록 아이콘을 클릭하면, 수정된 시간에 따라 저장된 여러 버전의 웹소설을 확인할 수 있습니다. 월별로 목록화가 되어 있습니다.

[그림 3-106] 과거 버전 불러오기

그중 현재 버전의 웹소설(왼쪽)과 비교하고자 하는 버전을 목록에서 클릭하면 아래에 해당 버전의 웹소설 텍스트가 나타납니다. 해당 시점에 수정되어 삭제된 부분은 빨간색과 취소선으로 보이고, 수정되고 추가된 부분은 파란색으로 구분됩니다.

[그림 3-107] 과거 버전 되살리기

버전 기록 목록의 우측 더 보기 아이콘을 클릭하면 선택한 버전으로 복원하거나, 이름을 지정하거나, 사본을 만들 수 있습니다. 이는 상단 메뉴 바의 '저장 시점 되돌리기' 창 메뉴와 동일합니다.

[그림 3-108] 웹소설 사본 만들기

이제 웹소설 내용 부분을 살펴보겠습니다.

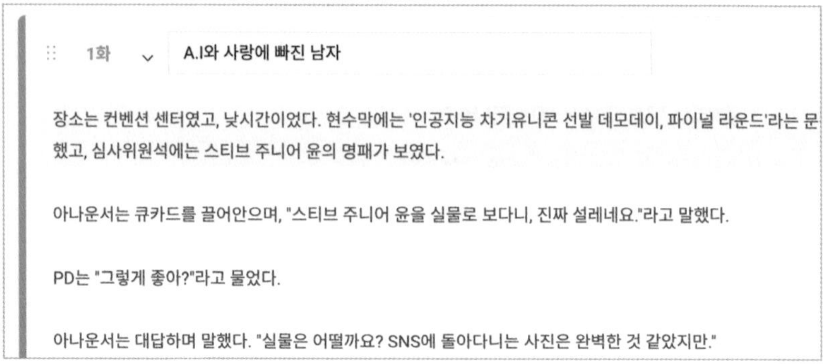

[그림 3-109] 화별 제목 바꾸기

　　좌측 아이콘은 화(회차) 컨트롤, 화(회차) 표시, 라벨 선택 기능을 가지고 있습니다.

- 화 컨트롤 아이콘을 클릭한 채 위아래로 드래그 앤드 드롭 하면 웹소설의 한 회차를 위아래로 이동 배치시킬 수 있습니다.
- 화(회차)는 에디터에서 부여하는 번호이며, 따로 수정할 필요 없이 순서대로 웹 소설의 회차를 추가하거나 회차 순서가 변경될 때마다 자동으로 수정됩니다.
- 아래 화살표 아이콘을 클릭하면 5개 색상 팔레트가 나타납니다. 기본 색상은 검정색이며, 특별히 구분하고자 하는 화는 다른 색을 선택하면 됩니다. 선택한 색은 해당 화의 라벨 컬러가 되어 1화 분량 블록의 테두리에 반영됩니다.
- 직사각형 칸은 화별 제목을 입력하는 곳입니다. 클릭 후 원하는 제목을 입력하면 됩니다.

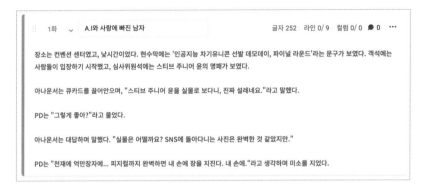

[그림 3-110] 글자 수, 라인, 칼럼 체크하기

웹소설 블록 우측에서는 선택된 화의 글자 수, 라인 수, 칼럼 수를 확인할 수 있습니다.

[그림 3-111] 웹소설에 메모 삽입하기

또한, 말풍선 모양의 메모 버튼을 누르면 메모 삽입이 가능합니다. 시나리오와 같이 메모 내용을 입력하거나 파일을 첨부할 수 있습니다.

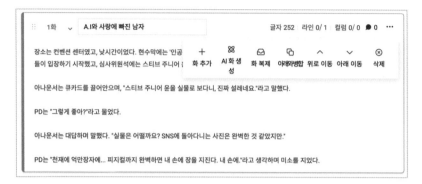

[그림 3-112] 관리 아이콘 활용하기

가장 우측의 웹소설 관리 아이콘을 누르면 위와 같은 메뉴가 나타납니다.

- 화 추가: 선택된 화의 다음에 새로운 화를 생성합니다.
- AI화 생성: 선택한 화의 다음 화로 AI가 스토리를 생성합니다.
- 화 복제: 선택된 화 분량을 복제합니다.
- 아래와 병합: 선택된 화와 다음 화의 내용을 병합합니다. 화별로 글자 수를 합쳐서 1화 분량을 완성할 수 있습니다. 병합함에 따라 글자 수가 재계산됩니다.
- 위로 이동: 선택된 화를 이전 화의 전으로 이동시킵니다.
- 아래 이동: 선택된 화를 다음 화의 후로 이동시킵니다.
- 삭제: 선택된 화를 삭제합니다.

10) 스토리보드 패널

스토리보드 패널에서는 각 지문과 대사에 해당하는 스토리보드를 작성할 수 있습니다.

[그림 3-113] 예상되는 러닝타임 보기

상단 바 좌측 아이콘을 통해 씬의 개수와 대략적인 러닝타임을 알 수 있습니다.

[그림 3-114] 우측 아이콘으로 시뮬레이션하기

상단 바 우측에는 보기 탭 전환을 위한 2개의 아이콘과 스토리보드를 러닝타임에 맞추어 재생할 수 있는 플레이어 버튼이 있습니다.

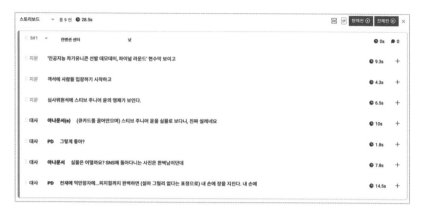

[그림 3-115] 블록 보기

스토리보드를 씬 블록 형태로 볼 수 있는 블록형 보기 탭 화면입니다.

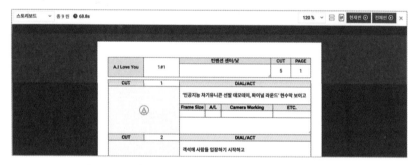

[그림 3-116] 스토리보드 이미지를 PDF로 다운 가능한 화면

스토리보드를 콘티 문서 형태로 볼 수 있는 문서형 보기 탭 화면입니다.

[그림 3-117] 스토리보드에 이미지를 얹고 플레이하기

현재 씬 플레이어 버튼을 누르면, 현재 선택된 씬의 스토리보드만 재생해서 볼 수 있습니다.

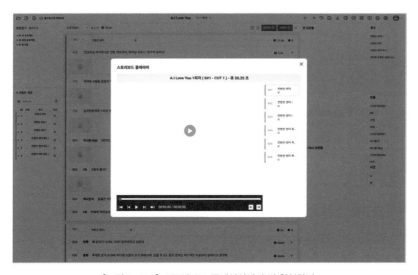

[그림 3-118] 스토리보드 플레이어에서 씬 확인하기

전체 씬 플레이어 버튼을 누르면, 전체 씬의 스토리보드를 재생해서 볼 수 있습니다.

[그림 3-119] 콘티 추가하기

우측 '+' 버튼을 누르면 스토리보드가 추가됩니다.

[그림 3-120] 이미지 생성하고 편집하기

연필 모양의 영역을 클릭하면 위 그림과 같은 이미지 편집 창이 나타납니다.

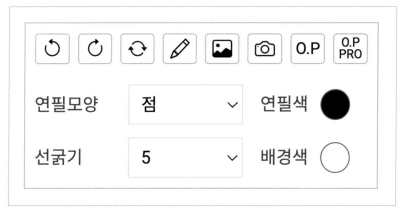

[그림 3-121] 이미지 편집기 툴 박스

툴 박스의 버튼을 왼쪽부터 차례로 설명하겠습니다.

- 실행 취소: 실행했던 내용을 취소합니다.
- 다시 실행: 실행했던 내용으로 되돌리기를 합니다.
- 전부 초기화: 진행 중인 이미지 작업을 모두 초기화합니다.
- 연필 툴: 기본으로 연필 툴이 켜져 있는 상태이기 때문에 그림을 그릴 수 있습니다. 연필 툴 버튼을 누르면 지우개 툴로 전환됩니다.
- 이미지 삽입: 로컬 드라이브에 있는 이미지 파일을 업로드할 수 있습니다.
- 카메라: 태블릿이나 모바일로 에디터를 사용할 때 콘티에 참고할 이미지를 직접 촬영할 수 있습니다.

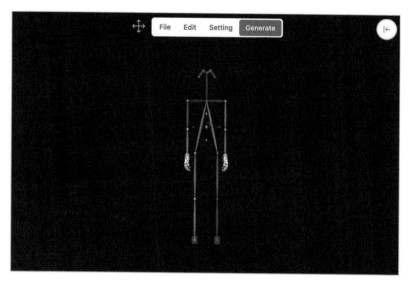

[그림 3-122] 포즈로 콘티 이미지 생성하기

- O.P(open pose)/O.P PRO: 가상 모델의 포즈를 직접 잡아 AI 이미지 생성을 할
  수 있습니다.

[그림 3-123] 프롬프트 자동 생성 기능으로 콘티 이미지 생성하기

에디터의 이미지 편집기는 AI 이미지 생성 기능으로 콘티 작업을 보다 수월하게 할 수 있도록 개발되었습니다.

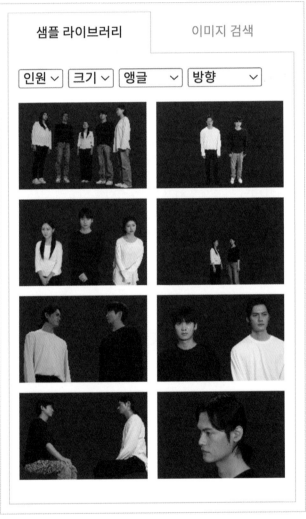

[그림 3-124] 이미지 선택

좌측의 프롬프트 영역에 생성할 이미지의 키워드가 될 단어를 입력하거나, 우측의 샘플 라이브러리에서 원하는 이미지와 가장 비슷한 샘플을 선택한 후 중앙하단의 생성 버튼을 클릭하면 콘티 이미지가 생성됩니다.

[그림 3-125] AI 퀄리티 지정하기

이미지 편집기 좌측 하단에서 위의 버튼 2가지를 이용해 생성형 AI를 선택할 수 있습니다.

- V1: 이미지 생성 AI 첫 번째 버전을 뜻합니다. 구버전 인공지능으로, 선으로 된 이미지를 더욱 잘 인식합니다.
- V2: 이미지 생성 AI 두 번째 버전을 뜻합니다. 신버전 인공지능으로 실사 이미지를 더 잘 인식하여 생성합니다.
- 상중하: 이미지의 선명도를 뜻합니다. 상은 선명도는 높지만 입력한 프롬프트보다 선명도와 관련된 프롬프트를 우선으로 반영하기 때문에 생성 결과물의 정확도가 떨어질 수 있습니다.

이렇게 연필 툴로 직접 입력하거나, 로컬 드라이브의 이미지를 업로드하거나, 생성형 AI를 이용하여 이미지를 생성하여 한 컷의 콘티 이미지를 완성할 수 있습니다.

[그림 3-126] 이미지 편집기

완성한 콘티 이미지는 중앙 하단의 저장하기 버튼을 눌러 스토리보드에 저장합니다. 이미지 편집기 버튼 오른쪽 빈칸에는 촬영, 카메라 무빙 등에 대한 메모를 입력하면 됩니다.

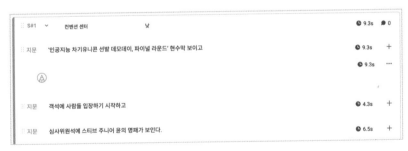

[그림 3-127] 스토리보드에 메모하기

[그림 3-128] 씬 보관함 사용하기

우측 영역에서 각 패널에서 등록된 장소와 인물, 시간을 실시간으로 확인할 수 있습니다. 간혹 대본을 작성하다 보면, 같은 장소라도 집필 시간에 따라서 장소명을 다르게 표시하는 경우를 자주 보게 됩니다. 일관된 장소와 인물 표기를 위해서 우측 영역을 제공하고 있으며, 불필요한 경우 최소한으로 영역을 줄여주시면 됩니다.

1) 씬 보관함

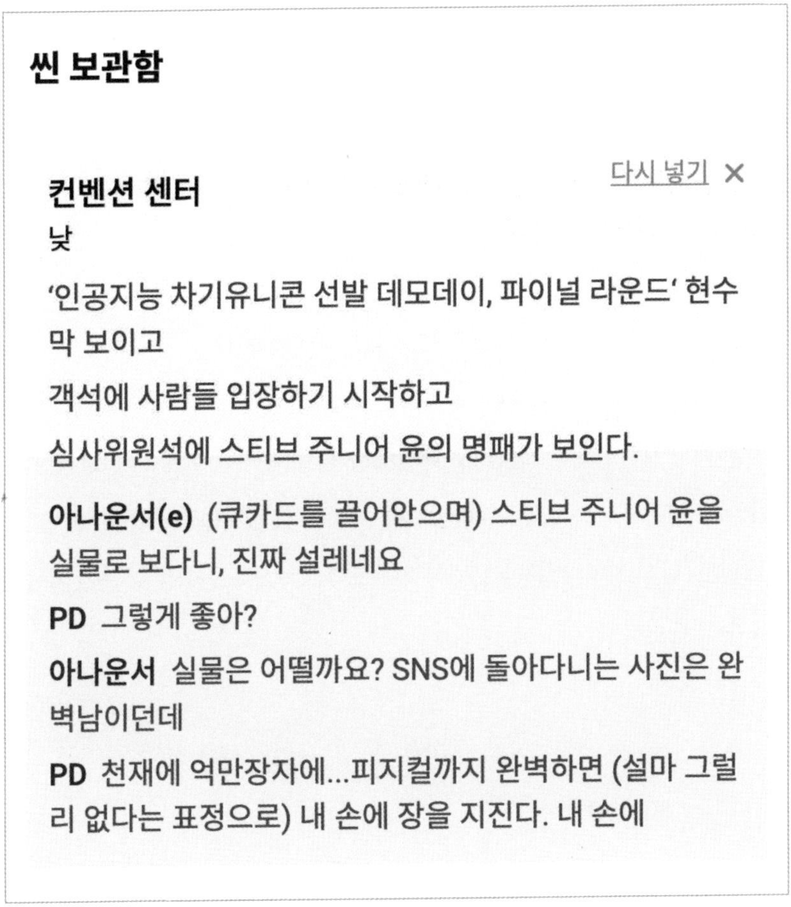

씬 보관함

컨벤션 센터   <u>다시 넣기</u> ✕
낮

'인공지능 차기유니콘 선발 데모데이, 파이널 라운드' 현수
막 보이고

객석에 사람들 입장하기 시작하고

심사위원석에 스티브 주니어 윤의 명패가 보인다.

아나운서(e) (큐카드를 끌어안으며) 스티브 주니어 윤을
실물로 보다니, 진짜 설레네요

PD 그렇게 좋아?

아나운서 실물은 어떨까요? SNS에 돌아다니는 사진은 완
벽남이던데

PD 천재에 억만장자에...피지컬까지 완벽하면 (설마 그럴
리 없다는 표정으로) 내 손에 장을 지진다. 내 손에

[그림 3-129] 보관된 씬 미리 보기

씬 보관함에서는 시나리오 패널에서 '잘라내기' 또는 씬 관리 메뉴의 '보관함'
을 클릭한 씬이 목록으로 나타납니다. 목록에 있는 씬들은 '다시 넣기' 버튼을 클
릭하거나 드래그 하여 시나리오 패널로 되돌려 놓을 수 있습니다.

2) 지문/대사 보관함

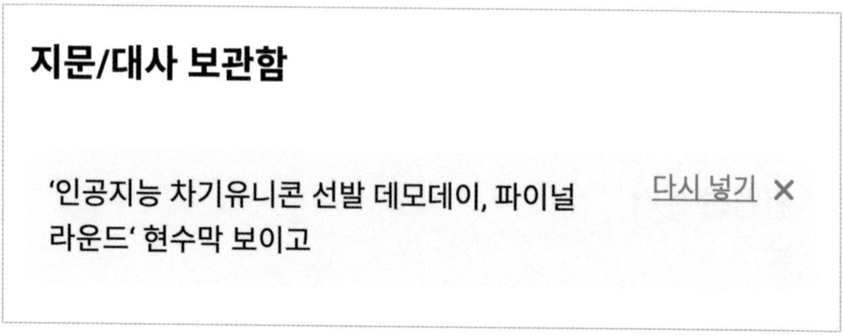

지문/대사 보관함

'인공지능 차기유니콘 선발 데모데이, 파이널 라운드' 현수막 보이고   <u>다시 넣기</u> ✕

[그림 3-130] 보관된 지문 대사 미리 보기

지문/대사 보관함에는 시나리오 패널에서 지문/대사 관리 메뉴의 '보관함'을 클릭한 지문/대사가 목록으로 나타납니다. 목록에 있는 지문/대사는 다시 시나리오 패널로 '다시 넣기' 버튼을 클릭하거나 드래그 앤드 드롭으로 본문에 되돌려 놓을 수 있습니다.

3) 장소, 인물, 시간 보관함

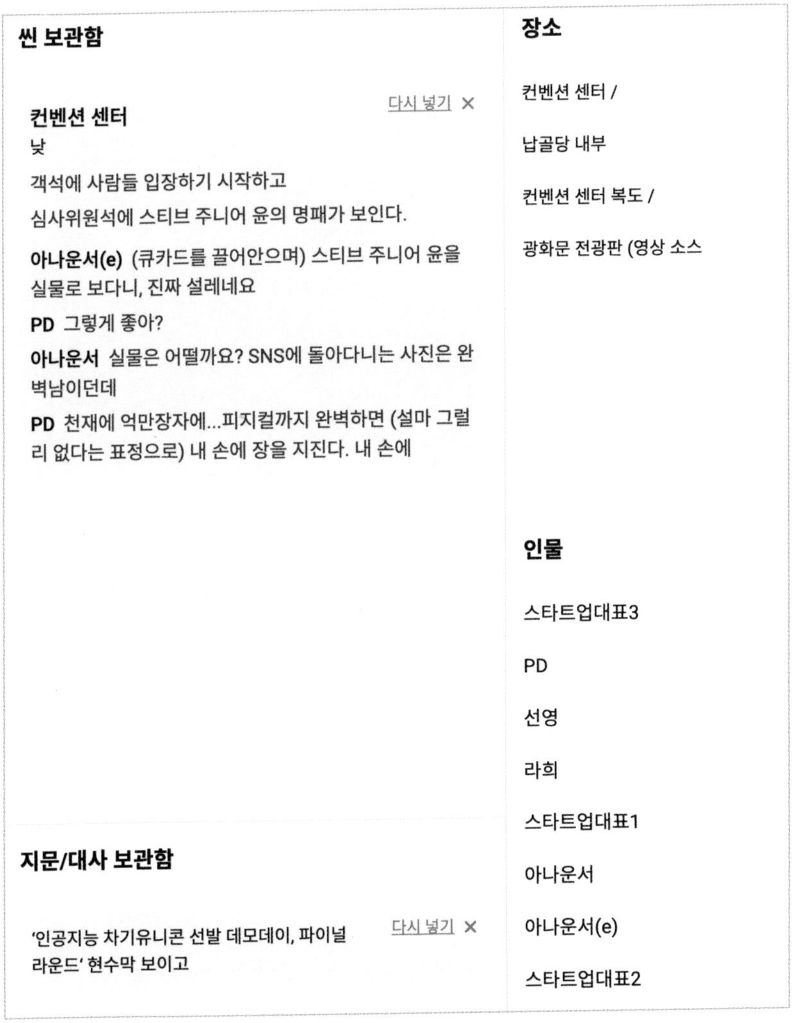

씬 보관함	장소
컨벤션 센터 　　　　　　　　　　　　다시 넣기 ✕ 낮 객석에 사람들 입장하기 시작하고 심사위원석에 스티브 주니어 윤의 명패가 보인다. **아나운서(e)** (큐카드를 끌어안으며) 스티브 주니어 윤을 실물로 보다니, 진짜 설레네요 **PD** 그렇게 좋아? **아나운서** 실물은 어떨까요? SNS에 돌아다니는 사진은 완벽남이던데 **PD** 천재에 억만장자에...피지컬까지 완벽하면 (설마 그럴 리 없다는 표정으로) 내 손에 장을 지진다. 내 손에	컨벤션 센터 / 납골당 내부 컨벤션 센터 복도 / 광화문 전광판 (영상 소스)
	인물
	스타트업대표3 PD 선영 라희 스타트업대표1 아나운서 아나운서(e) 스타트업대표2
지문/대사 보관함 '인공지능 차기유니콘 선발 데모데이, 파이널 　다시 넣기 ✕ 라운드' 현수막 보이고	

[그림 3-131] 장소, 인물 설정하기

　보관함 영역의 우측에 위치한 장소, 인물, 시간 보관함은 시나리오 집필 중 기존에 등장한 장소, 인물, 시간을 체크할 수 있는 지표가 될 수 있습니다.

1) 감마 앱Gamma.app으로 기획서 생성하기

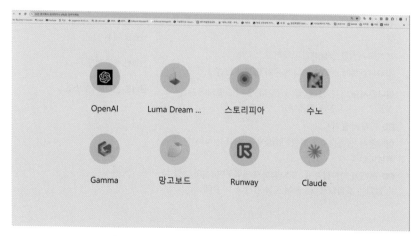

[그림 3-132] 슬기로운 호모 프롬프트 작가 생활

<트렌드 코리아 2024>에서 제시한 10대 키워드 중 하나는 호모 프롬프트였습니다. '인간'이라는 '호모Homo'와 '컴퓨터 명령어'를 뜻하는 '프롬프트Prompt'의 합성어로, 인간 고유의 창의성을 고양시키는 방향으로 AI가 제공하는 서비스를 적합하게 사용할 수 있는 사람을 말합니다. 현재 기획자와 작가로서의 활동에 집중할 때 시간을 벌 수 있었는데, 그 이유는 생성형 인공지능 플랫폼이 업무 효율성을 높여주었기 때문입니다. 슬기로운 프롬프트 생활 노하우를 여기서 공개해 보려고 합니다. 우선 저자의 크롬 로그인 화면에서 볼 수 있는 생성형 인공지능 플랫폼들을 소개해 드리겠습니다.

감마 앱으로 기획서를 생성하기 위해서 Gamma.app에 접속합니다. 유료 버전을 사용하지 않아도 현재는 무료 크레디트를 제공하고 있습니다. 우측 상단의 새로 만들기를 클릭하고 텍스트, 생성 중에서 선택합니다.

[그림 3-133] 새로 만들기 선택

[그림 3-134] AI로 만들기 기능 선택

기존 콘텐츠를 업로드하는 방법도 있고, 하고 싶은 것을 적으면 초안부터 내용까지 채워서 생성해 주는 기능도 있습니다.

텍스트를 마구잡이로 복사, 붙여넣기 했습니다. 특정 형식이 없습니다.

그냥 드라마 기획서에 기획 의도를 붙여 넣었습니다.

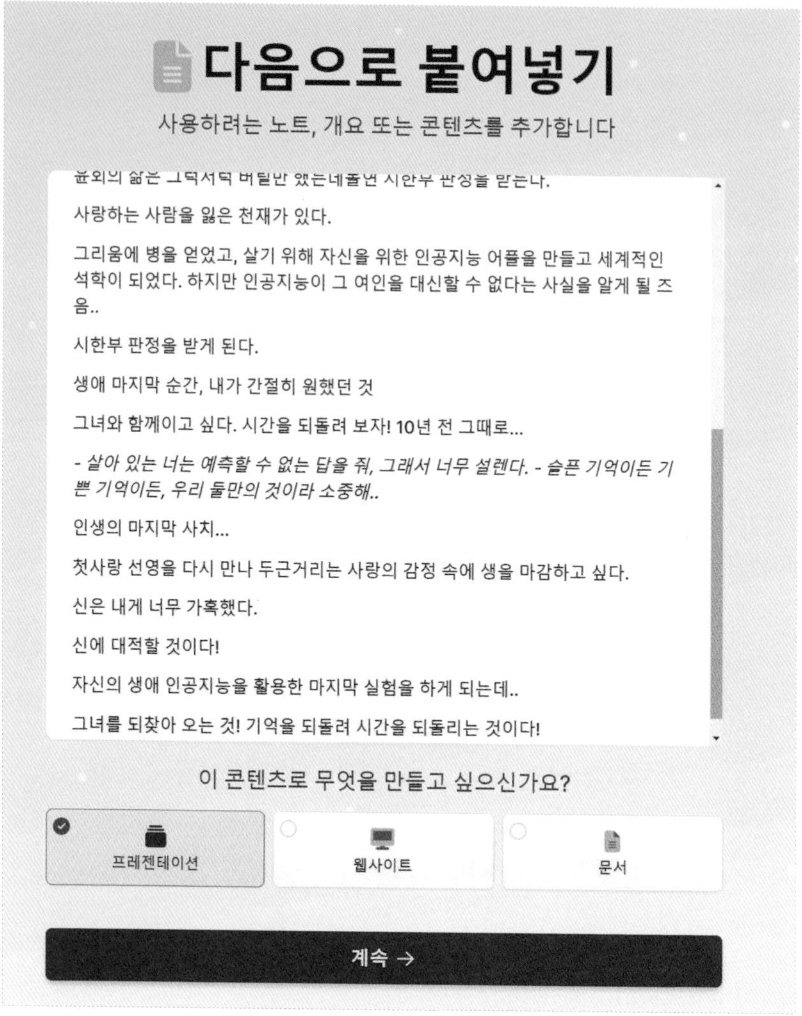

📄다음으로 붙여넣기

사용하려는 노트, 개요 또는 콘텐츠를 추가합니다

윤외의 ~~삶든 그덕서딕 버틸반 았든네플연 시안부 딴성를 맏느나~~

사랑하는 사람을 잃은 천재가 있다.

그리움에 병을 얻었고, 살기 위해 자신을 위한 인공지능 어플을 만들고 세계적인 석학이 되었다. 하지만 인공지능이 그 여인을 대신할 수 없다는 사실을 알게 될 즈음..

시한부 판정을 받게 된다.

생애 마지막 순간, 내가 간절히 원했던 것

그녀와 함께이고 싶다. 시간을 되돌려 보자! 10년 전 그때로...

- 살아 있는 너는 예측할 수 없는 답을 줘, 그래서 너무 설렌다. - 슬픈 기억이든 기쁜 기억이든, 우리 둘만의 것이라 소중해..

인생의 마지막 사치...

첫사랑 선영을 다시 만나 두근거리는 사랑의 감정 속에 생을 마감하고 싶다.

신은 내게 너무 가혹했다.

신에 대적할 것이다!

자신의 생애 인공지능을 활용한 마지막 실험을 하게 되는데..

그녀를 되찾아 오는 것! 기억을 되돌려 시간을 되돌리는 것이다!

이 콘텐츠로 무엇을 만들고 싶으신가요?

✔ 💼 프레젠테이션	⭕ 🖥️ 웹사이트	⭕ 📄 문서

계속 →

[그림 3-135] 형식 없이 붙여 넣은 상태

[그림 3-136] AI로 만들기 기능 선택

좌측 상자에 어떻게 사용하기를 원하는지 구체적으로 지시문을 입력해 줍니다. '입력한 텍스트를 토대로 드라마 제작을 위한 기획서 발표 자료를 생성해 줘'라고 입력했습니다. 그리고 이미지를 생성할 것인지, 웹 이미지를 검색해서 쓸 것인지를 선택합니다.

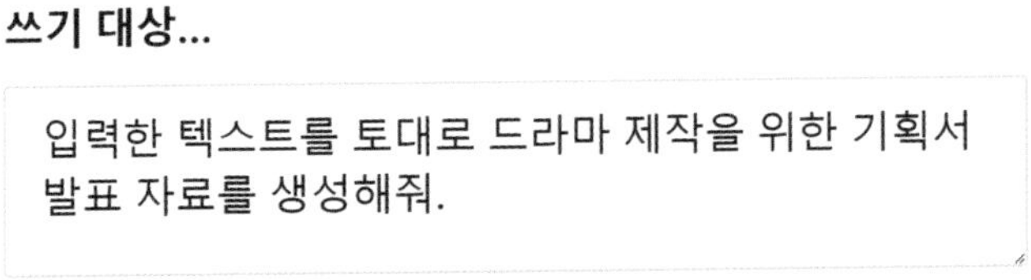

쓰기 대상...

입력한 텍스트를 토대로 드라마 제작을 위한 기획서
발표 자료를 생성해줘.

[그림 3-137] 구체적이고 명료한 지시 사항 표현

[그림 3-138] 테마 선택 화면

다음으로 생성을 누르면, 원하는 테마를 선택하라고 합니다. 원하는 컬러의 테마를 선택하면 됩니다. 그다음 생성을 누르면 무서운 속도로 PPT 자료가 생성됩니다. 2만 5,000자까지 넣을 수 있으므로, 드라마 대본을 그대로 입력하고 기획안을 생성해 볼 수도 있습니다. 무료 버전의 경우 카드의 개수가 제한되어 있지만, 유료로 결제하고 카드 개수를 늘린다고 해서 꼭 지정한 카드만큼 생성되지는 않습니다. 노하우를 하나 알려드리겠습니다. 기획안을 콘셉트, 로그라인, 캐릭터, 줄거리 이렇게 분리하고 각 부분을 생성하면 완성도 높은 초안을 생성할 수 있다는 것입니다. 이후 테마를 변경하면서 생성된 이미지의 일부를 바꾸는 등 스스로 고도화해 나가는 과정이 필요합니다. 생성된 초안은 논리적이고 카테고리가 빠짐없이 잘 제시되어 있고 생성된 내용의 맥락이 잘 맞습니다. 하지만 다소 평범하고 킬러 콘텐츠라고 느껴지지 않으며 훅Hook이 없습니다. 디자인은 화려하지만 내용은 일반적일 수 있다는 것입니다. 따라서 독자 여러분의 창의성과 상상력이 가미되어야 한다는 점을 잊지 마시기 바랍니다.

[그림 3-139] 제목에 기획 의도까지 생성됨

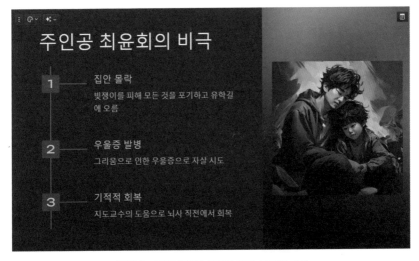

[그림 3-140] 주인공 설명을 읽고, 개요를 작성

놀라운 기능은 형식 없이 복사, 붙여넣기 한 텍스트의 내용을 일목요연하게 정리해 준다는 것입니다. 간혹 본인이 무슨 이야기를 쓰려는 것이었는지조차 모호하다면, 인공지능을 활용하여 이야기를 구조화해 보기를 추천 드립니다.

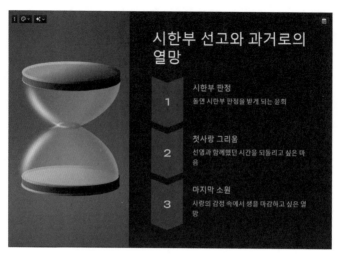

[그림 3-141] 스토리 전개 정리

카드를 하나 추가하여 차별점 등도 정리해 달라고 하면 앞뒤 스토리 맥락에 맞추어 자료가 추가됩니다. 알아서 정리를 해주기 때문에 기존 아이디어가 증강되는 효과가 있습니다. Gamma.app을 한번 쓰기 시작하면 생성형 인공지능의 편리성에서 절대 헤어 나오지 못할 것입니다.

[그림 3-142] 결말까지 정리해 줌

추가할 내용이 필요한 경우 인공지능 생성 아이콘을 누르면 글쓰기 메뉴가 열립니다. 글쓰기를 더 잘하고 싶다면 글쓰기 향상을 누르고, 맞춤법이나 문법 수정도 가능합니다. 문장을 길게 만들거나 반대로 더 짧게 만드는 것도 가능합니다. 또한, 하단의 레이아웃 메뉴에서 다른 레이아웃으로 바로 변경할 수 있고, 시각적 효과를 높일 수도 있습니다. 시각적 효과를 높이는 것은 관련 이미지를 웹에서 추가하거나 생성형 이미지로 추가할 수 있는 기능입니다. 직접 이미지를 추가할 수도 있습니다. 카드 안의 내용에 타임라인을 추가하고, 글을 추가하거나 이미지를 추가하는 것도 가능합니다. 이렇게 버튼 하나로 완성도를 높일 수 있습니다.

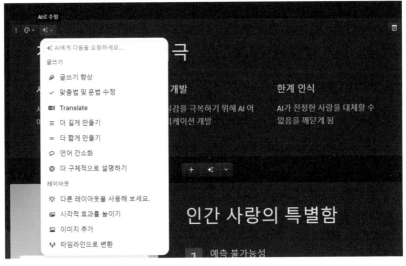

[그림 3-143] 완성도를 높일 수 있음

생성형 인공지능으로 OST 제작하기

앞선 파트 1에서 생성형 인공지능으로 영화를 만드는 이미지 생성과 영상 생성 플랫폼을 소개했습니다. 마지막으로 SUNO(suno.com)를 활용하여 OST를 제작할 수 있습니다. 기본적인 스토리와 콘셉트만 있다면 가능합니다.

먼저 스토리와 콘셉트를 모두 챗GPT-4o에 입력해서 주제곡 가사를 생성해 달라고 합니다. 가사가 생성되면 SUNO에 로그인한 후 왼쪽 상단에 붙이고, 가사 생성을 눌러줍니다. 그러면 SUNO가 적절히 가사를 해석해서 곡을 생성하기 좋게 편집해 줍니다.

음악 스타일에서는 피아노곡, 팝 등 원하는 음악 스타일을 찾아 프롬프트를 입력해 줍니다. 음악 스타일에 어떤 프롬프트를 넣어야 할지 망설여진다면 좋은 방법이 있습니다. 가사를 생성하기 전에 먼저 공개된 다른 곡들을 찾아보는 것입니다. 공개된 곡에는 프롬프트도 함께 공개되어 있습니다. 그 공개된 곡들 중에서 내가 원하는 스타일의 곡을 먼저 찾고, 프롬프트를 복사해 둡니다. 그리고 복사한 프롬프트를 붙여 넣은 다음 '만들다'를 누르면 원하는 음악에 더 가까운 OST를 생성할 수 있습니다.

[그림 3-144] SUNO로 OST 제작하기

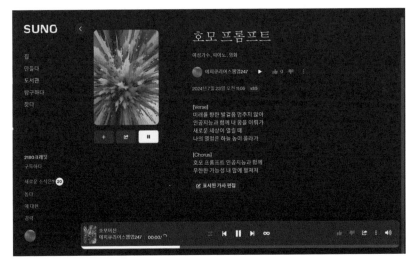

[그림 3-145] SUNO로 제작한 OST

영화 시나리오를 가지고 있는 작가라면, 완성한 대본을 스토리피아에서 웹소설로 바꾸고 키 비주얼을 생성해서 표지를 만든 다음 전자책으로 출판하거나 유료 웹소설 사이트에 업로드해 보는 방법을 추천합니다. 이렇게 원천스토리 아이디어에 대한 저작권을 먼저 확보합니다. 이후 앞에서 소개한 생성형 인공지능으로 영상을 생성해서 프리비즈를 만듭니다. 기획서는 Gamma.app으로 디자인하고, 컷을 구성한 후 생성 영상을 만듭니다. 완성된 트레일러 영상을 가지고 제작사를 찾아가는 상상을 하면서 즐겁게 실습해 보시기 바랍니다.

PART 4.

생성형 인공지능을 내 컴 안에
온디바이스

스토리피아 랩

최근 NVIDIA의 GPU가 탑재된 컴퓨터나 노트북이 활발하게 보급되면서, 온 디바이스로 생성형 인공지능을 활용하려는 사례가 늘고 있습니다. 가장 보편적으로 사용하는 스테이블 디퓨전Stable Diffusion WebUI을 설치해 보겠습니다. automatic1111 Stable Diffusion WebUI 설치를 위해서는 가장 먼저 구글에서 automatic1111을 검색합니다.

[그림 4-1] 구글 검색 화면

처음 검색되는 github.com/AUTOMATIC1111/stable-diffusion-webui 링크로 접속합니다. 그럼 Stable Diffusion WebUI를 다운 받을 수 있는 사이트로 이동할 수 있습니다.

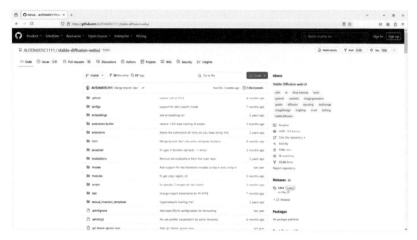

[그림 4-2] automatic1111의 GitHub 화면

(출처: github.com/AUTOMATIC1111/stable-diffusion-webui)

[그림 4-3] automatic1111의 GitHub 설치 방법 설명 화면

(출처: github.com/AUTOMATIC1111/stable-diffusion-webui)

스크롤을 내리면 하단에 Installation and Running에서 설치 방법을 알 수 있습니다. Install Python 3.10.6(Newer version of Python does not support torch), checking "Add Python to PATH"에서 Python 3.10.6 버튼을 눌러 Python 사이트로 이동합니다.

[그림 4-4] Python 공식 사이트

(출처: www.python.org/downloads/release/python-3106/)

사이트가 뜨면 스크롤을 내립니다. Files의 리스트 중에서 Windows installer(64-bit)를 다운 받습니다.

[그림 4-5] Python 공식 사이트 하단 다운로드 페이지

(출처: www.python.org/downloads/release/python-3106/)

Files의 리스트 중 Windows installer(64-bit)를 다운 받습니다.

[그림 4-6] 다운로드된 Python 파일

다운로드된 파일을 더블 클릭하여 실행합니다.

[그림 4-7] Python 설치 화면 1

하단의 'Add Python to PATH'를 꼭 체크하고 'Instal Now'를 누릅니다. 설치가 끝나면 'Close' 버튼을 눌러 종료합니다.

[그림 4-8] Python 설치 화면 2

[그림 4-9] automatic1111의 GitHub 설치 방법 설명 화면

(출처: github.com/AUTOMATIC1111/stable-diffusion-webui)

사이트로 돌아가 Install Git을 눌러 Git 사이트로 이동합니다.

'64-bit Git for Windows Setup'을 눌러 다운로드 받습니다.

[그림 4-10] Git 다운로드 화면

(출처: git-scm.com/download/win)

[그림 4-11] 다운로드된 Git 파일

다운로드한 Git 파일을 실행합니다.

[그림 4-12] Git 파일 설치 화면 1

특별히 다른 설정을 할 필요 없이 'Next' 버튼을 눌러 설치하면 됩니다.

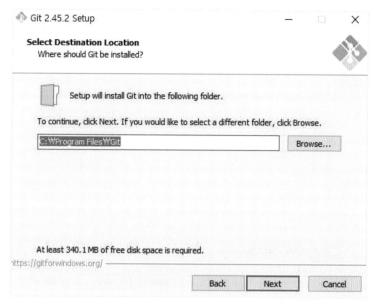

[그림 4-13] Git 파일 설치 화면 2

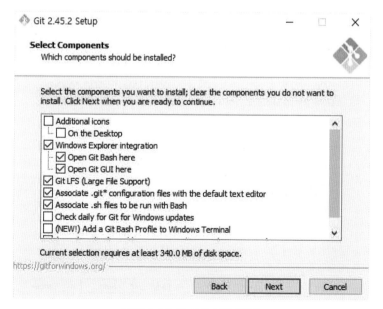

[그림 4-14] Git 파일 설치 화면 3

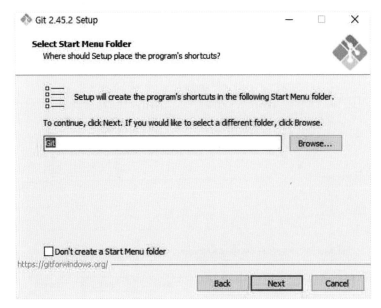

[그림 4-15] Git 파일 설치 화면 4

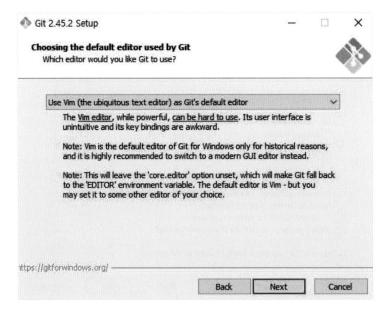

[그림 4-16] Git 파일 설치 화면 5

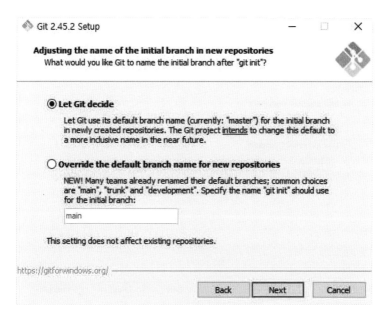

[그림 4-17] Git 파일 설치 화면 6

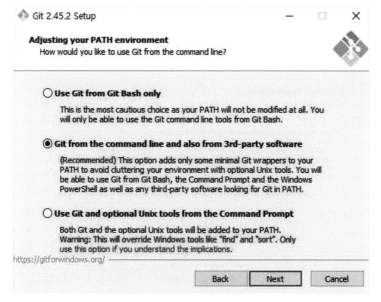

[그림 4-18] Git 파일 설치 화면 7

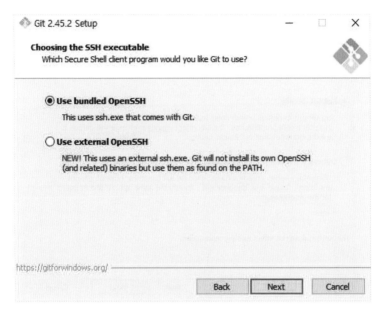

[그림 4-19] Git 파일 설치 화면 8

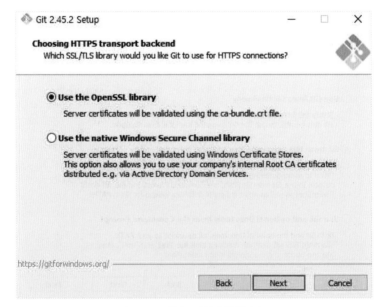

[그림 4-20] Git 파일 설치 화면 9

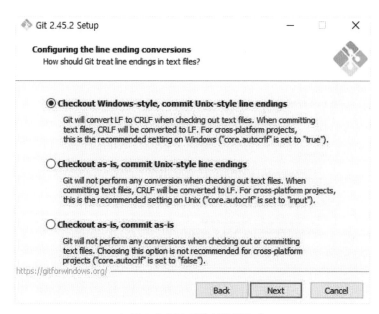

[그림 4-21] Git 파일 설치 화면 10

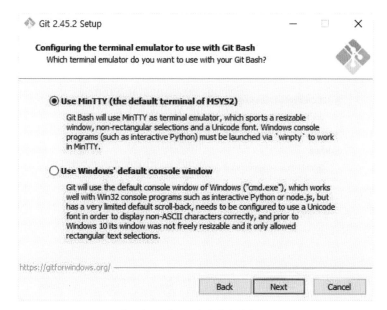

[그림 4-22] Git 파일 설치 화면 11

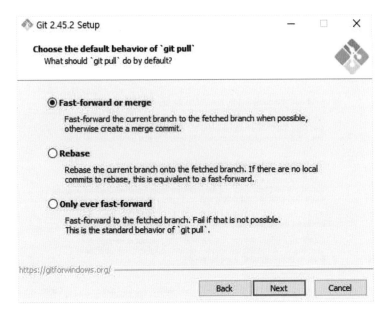

[그림 4-23] Git 파일 설치 화면 12

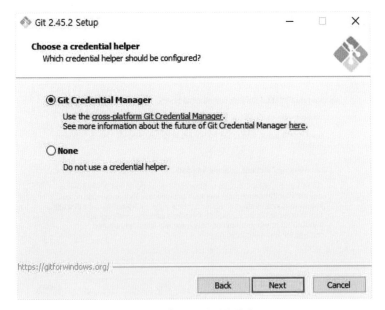

[그림 4-24] Git 파일 설치 화면 13

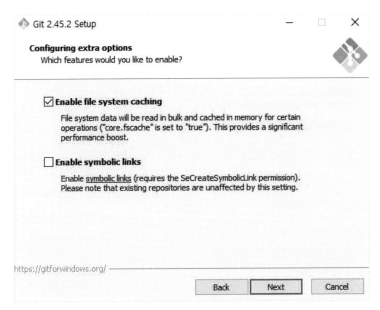

[그림 4-25] Git 파일 설치 화면 14

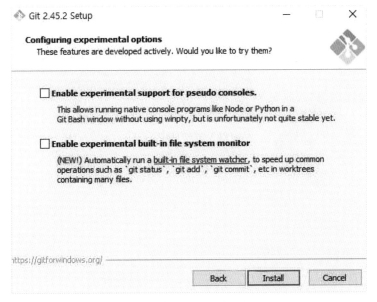

[그림 4-26] Git 파일 설치 화면 15

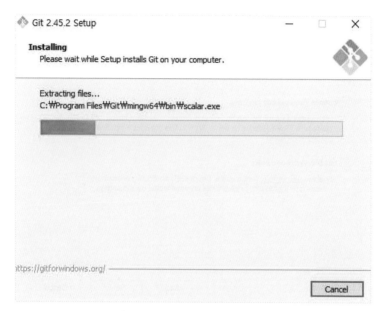

[그림 4-27] Git 파일 설치 화면 16

[그림 4-28] Git 파일 설치 화면 17

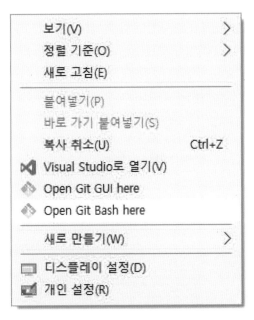

[그림 4-29] 마우스 오른쪽 클릭 후 뜨는 메뉴

설치를 원하는 장소에 오른쪽 클릭, 'Open Git Bash'를 클릭합니다.

[그림 4-30] 'Open Git Bash'를 실행한 화면 1

'Git Bash'가 실행되었습니다.

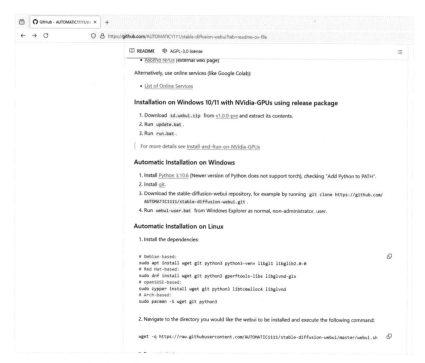

[그림 4-31] automatic1111의 GitHub 설치 방법 설명 화면

(출처: github.com/AUTOMATIC1111/stable-diffusion-webui)

3번 회색 박스 안의 텍스트 git clone github.com/AUTOMATIC1111/stable
-diffusion-webui.git 부분을 복사합니다.

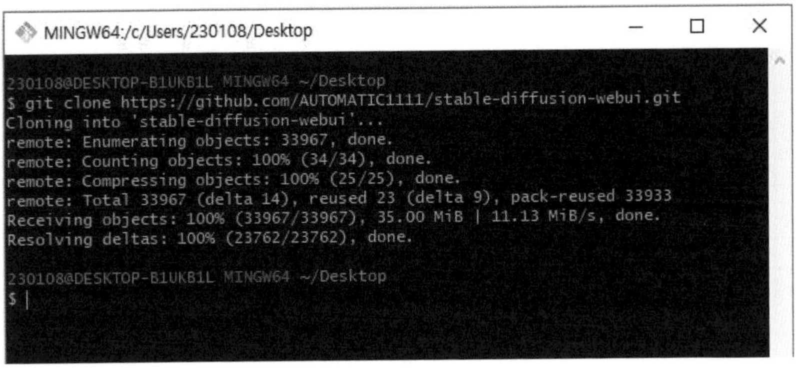

[그림 4-32] 다운로드가 완료된 화면

명령어를 입력하면 다운로드가 시작됩니다.

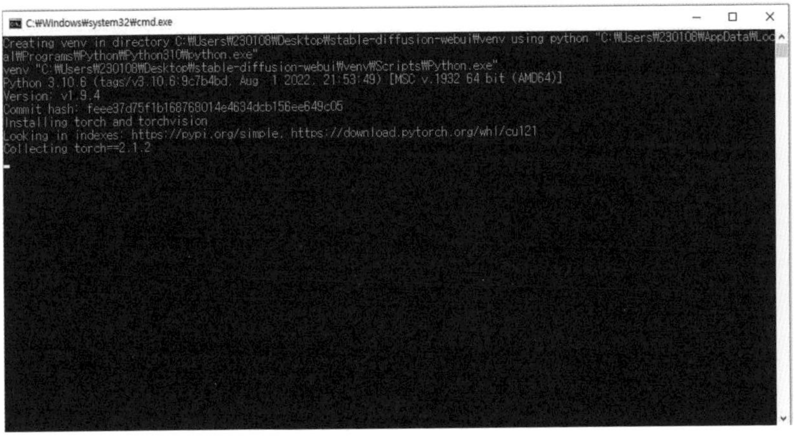

[그림 4-33] webui-user.bat 실행 화면

설치 시작 화면입니다.

[그림 4-34] 설치가 완료된 화면

처음 설치 완료 시 WebUI가 자동으로 실행됩니다. 수동으로 실행하기 위해서는 http://127.0.0.1:7860 주소를 브라우저 창에 입력하면 실행됩니다.

[그림 4-35] 다운로드된 stable-diffusion-webui 폴더 화면

1) txt2img

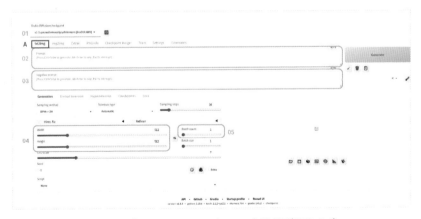

[그림 4-36] Stable Diffusion 'txt2img' 탭 화면(버전1.9.4)

A. txt2img 프롬프트만을 사용해서 이미지를 만듭니다.

1. Stable Diffusion checkpoint: 이미지를 생성 가능하게 하는 모델을 선택합니다(대표적인 다운로드 사이트 civitai.com).

2. Prompt: 생성을 원하는 이미지에 대한 묘사를 넣습니다. 영문으로 넣어야 합니다. intricate details, 4k, high resolution, uhd, ultra high res, super detail, hyper detail, high quality와 같은 품질에 관한 키워드가 들어가면 좋습니다.

3. Negative Prompt: 이미지에 포함이 되지 않았으면 하는 묘사를 넣습니다. bad anatomy, bad hands, error, missing fingers, missing legs, jpeg artifacts, extra digit, fewer digits, missing arms, too many fingers, extra arms, extra legs, extra fingers, fewer digits, cropped, fused fingers, poorly drawn hands, mutated hands, mutation, deformed, dehydrated, bad proportions, disfigured와 같이 잘못된 이미지를 만드는 키워드를 넣으면 좋습니다.

폴더가 다운로드되고 폴더를 열어보면 여러 가지 파일이 위치해 있는 것을 볼 수 있습니다. 'webui-user.bat' 파일을 실행시킵니다.

4. Width & Height: 생성되는 이미지의 크기를 정합니다. 주로 512, 768, 1024의 단위로 선택합니다(예:1025 x 768, 512 x 768).

5. Batch count: 한 번에 만들어내는 이미지의 개수를 선택합니다.

옵션을 입력 및 선택 후 오른쪽 상단 'Generate' 버튼을 누르면 이미지가 생성됩니다.

2) img2img

[그림 4-37] Stable Diffusion 'img2img' 탭 화면

B. img2img 프롬프트와 참고 이미지를 이용해 이미지를 생성합니다.

1. Image Upload: 이미지를 업로드합니다.

2. Denoising strength: 업로드한 참고 이미지와의 유사도를 선택합니다(0: 적
   은 유사도 ~ 1: 높은 유사도).

[그림 4-38] img2img 변환용 이미지 원본

[그림 4-39] 각각 다른 Denoising 값이 적용되는 이미지들

프롬프트에 realistic, man, suit를 입력하고 만화 이미지를 넣은 결과물입니다. Denoising 값의 변화에 따라 원본의 유사도와 차이가 있는 것을 볼 수 있습니다.

3) img2img 부분 생성

[그림 4-40] Stable Diffusion 'img2img' 탭 화면

img2img 탭에서 Inpaint 탭을 선택합니다. 이미지 업로드 후 업로드된 이미지에서 변경할 부분을 칠하면 됩니다. 오른쪽 상단에 편집 옵션이 있습니다. 'Generate' 버튼을 누르면 해당 부분만 바뀌어서 나옵니다.

[그림 4-41] 업로드 이미지에 영역을 칠한 화면

[그림 4-42] 구글 메인 페이지

(출처: google.com)

구글에서 'roop-unleashed'를 검색합니다.

[그림 4-43] 구글 검색 화면

처음 검색되는 Github 사이트에 접속합니다.

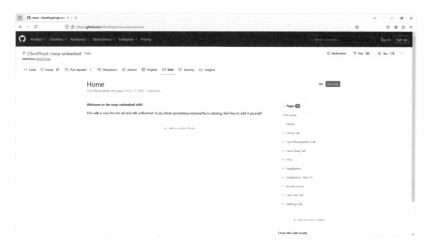

[그림 4-44] roop-unleashed의 GitHub Wiki 탭 화면

오른쪽 메뉴 중앙의 Installation에 들어갑니다.

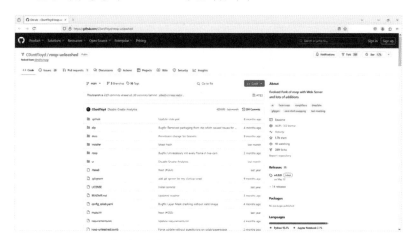

[그림 4-45] roop-unleashed의 GitHub 화면

(출처: github.com/C0untFloyd/roop-unleashed)

접속한 사이트입니다. 하단으로 스크롤하면 설치 방법에 대한 설명이 나옵니다. Installation 부분을 보면 Wiki라는 링크로 들어가라고 되어 있습니다.

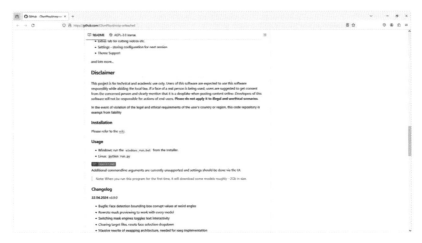

[그림 4-46] roop-unleashed의 GitHub 설치 방법 설명 화면

(출처: github.com/C0untFloyd/roop-unleashed)

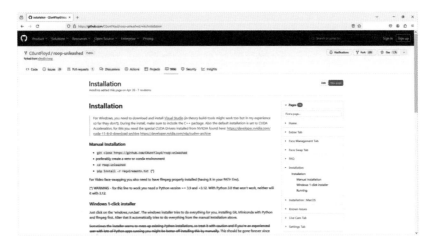

[그림 4-47] roop-unleashed의 GitHub Wiki 탭의 Installation 섹션

설치 방법 화면을 확인합니다.

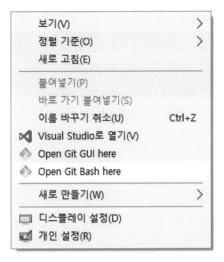

[그림 4-48] 마우스 오른쪽 클릭 후 뜨는 메뉴

[그림 4-49] roop-unleashed의 GitHub Wiki 탭의 Installation 섹션

설치하고 싶은 장소에 오른쪽 클릭 후 Open Git Bash here를 실행합니다. Git 설치 방법은 앞서 Stable Diffusion WebUI 설치 편을 참고하시기 바랍니다. Manual Installation 부분의 git clone github.com/C0untFloyd/roop-unleashed를 복사합니다.

MINGW64:/c/Users/230108/Desktop
230108@DESKTOP-B1UKB1L MINGW64 ~/Desktop
$ git clone https://github.com/C0untFloyd/roop-unleashed

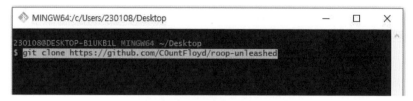

[그림 4-50] 복사된 내용이 입력된 화면

다음과 같이 붙여 넣어진 것을 확인하고 엔터 버튼을 누릅니다(% Paste 버튼을 클릭한 후에도 아무런 내용이 입력되지 않으면 사이트에서 다시 명령어를 복사합니다).

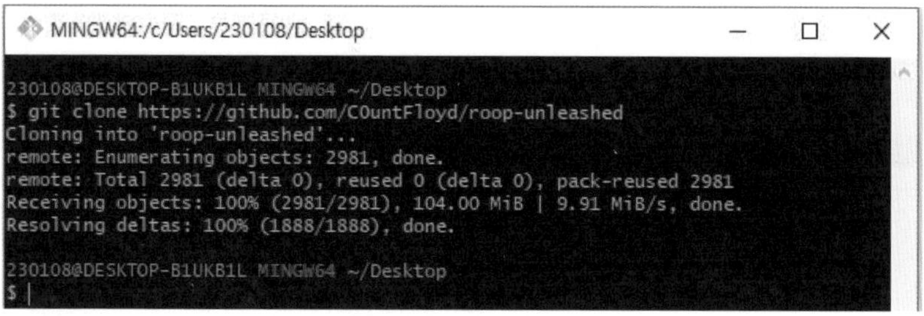

MINGW64:/c/Users/230108/Desktop
230108@DESKTOP-B1UKB1L MINGW64 ~/Desktop
$ git clone https://github.com/C0untFloyd/roop-unleashed
Cloning into 'roop-unleashed'...
remote: Enumerating objects: 2981, done.
remote: Total 2981 (delta 0), reused 0 (delta 0), pack-reused 2981
Receiving objects: 100% (2981/2981), 104.00 MiB | 9.91 MiB/s, done.
Resolving deltas: 100% (1888/1888), done.
230108@DESKTOP-B1UKB1L MINGW64 ~/Desktop
$ |

[그림 4-51] 다운로드가 완료된 화면

명령어를 입력하면 다운로드가 시작됩니다.

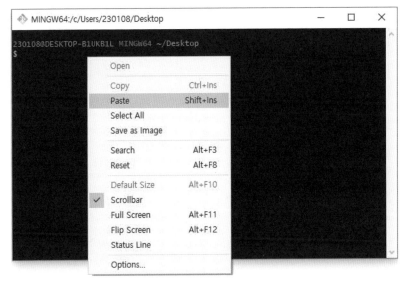

[그림 4-52] 'Open Git Bash'를 실행한 화면 1

실행된 창의 화면에서 다시 한번 오른쪽 클릭 후 앞서 복사한 내용을 붙여넣기합니다(창이 실행된 후 다시 주소를 복사해야 할 수도 있습니다. 윈도우 단축키 Ctrl + V는 작동하지 않습니다).

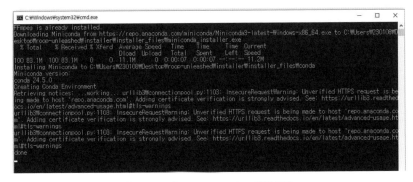

[그림 4-53] webui-user.bat 실행 화면

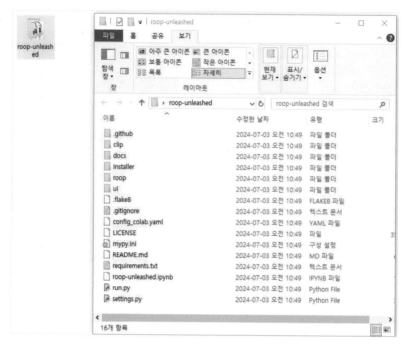

[그림 4-54] 다운로드된 roop-unleashed 폴더 화면

설치한 폴더에서 installer 폴더에 들어갑니다. 설치가 시작됩니다.

[그림 4-55] roop-unleashed 실행 화면

설치가 완료되면 자동으로 실행됩니다.

[그림 4-56] 설치 후 재 실행 시 뜨는 화면 2

n을 입력 후 실행하는 화면입니다. 수동으로 실행하기 위해서는 http://127.
0.0.1:7860 주소를 브라우저 창에 입력하면 실행됩니다.

[그림 4-57] installer 폴더 화면

windows_run.bat를 실행합니다.

[그림 4-58] roop-unleashed 실행 화면

1. 변경하고 싶은 얼굴을 업로드합니다. 이미지 파일이 필요하며 1장 이상의 이미지를 추가할 수 있습니다. 이미지를 업로드하면 자동으로 얼굴 부분을 추출해 줍니다.

1-a. 자동으로 추출된 이미지가 나열됩니다.

2. 합성이 필요한 원본 영상을 업로드합니다.

3. 업로드 이후 슬라이드를 움직이며 영상에서 원하는 인물이 등장하는 화면을 선택합니다.

4. 원하는 화면에서 얼굴을 추출하는 버튼입니다(1개 이상의 얼굴을 선택 가능하지만 동일한 인물의 다른 각도나 표정을 선택합니다).

2-a. 변경할 원본 얼굴을 확인할 수 있습니다.

[그림 4-59] 설치 후 재실행 시 뜨는 화면 1

프로그램을 종료 후 다시 실행시킬 경우 매번 업데이트 확인 여부를 물어봅니다. 키보드 'n' 버튼을 누른 후 엔터를 입력하면 실행됩니다(업데이트를 원하는 경우 'y'를 입력하면 됩니다).

[그림 4-60] roop-unleashed 실행 화면

roop-unleashed 실행 화면처럼 적용하면 다음과 같습니다.

[그림 4-61] roop-unleashed 실행 중앙 하단 화면

한 화면에 2명 이상의 얼굴이 등장할 경우 왼쪽 하단의 'Detected faces'에 영상에 등장하는 얼굴이 표시됩니다. 원하는 얼굴을 선택 후 05 Use selected face를 선택하여 해당 얼굴을 선택합니다. 06 'Start' 버튼을 누르면 합성이 시작됩니다.

[그림 4-62] roop-unleashed 실행 하단 화면

[그림 4-63] roop-unleashed CMD 화면

하단 작업표시줄의 검은색 CMD 창을 누르면 진행 정도를 확인할 수 있습니다. 진행이 완료되면 결과물을 확인할 수 있습니다. 생성된 이미지의 오른쪽 상단의 다운로드 버튼을 눌러 다운 받을 수 있습니다. 최종 결과물은 그림과 같습니다. 이렇게 온디바이스 인공지능을 학습시켜서 사용하는 사람들이 늘고 있지만, 플랫폼 서비스가 다양화되면서 이미지 생성 플랫폼의 사용료가 엔비디아의 GPU를 구입하는 것보다 저렴해졌습니다. 그뿐 아니라 빠른 속도와 지속적인 모델 업그레이드가 이루어지면서, 플랫폼의 월 이용료를 내고 사용하는 경우가 더 흔해질 수도 있습니다.

[그림 4-64] roop-unleashed 실행 하단 화면

[그림 4-65] 최종 결과물

    인공지능의 경우 엔비디아를 기준으로 작동됩니다. 2차적으로 다른 그래픽 카드나 애플도 가능한데, 그런 경우 제삼자가 작동될 수 있게 브릿지를 만들어주는 겁니다. 이럴 때 특정 오픈소스에서는 작동하고, 또 어떤 특정 오픈소스에서는 작동하지 않는 경우가 있어서 된다 안 된다를 특정 지을 수는 없습니다. pinokio.computer는 오픈소스들을 모아서 애플에서도 실행 가능하게 해주는 프로그램인데, 유명한 오픈소스는 대부분 애플에서도 쓸 수 있게 해줍니다. drawthings.ai는 애플의 아이폰과 아이패드 등 모든 기기에서 스테이블 디퓨전이 실행 가능하게 해주는데, 쓰는 방법이 기존 WebUI와 다소 다른 부분이 있습니다. github.com/MochiDiffusion/MochiDiffusion은 애플에서 실행 가능한 스테이블 디퓨전입니다. 하지만 속도가 떨어지기 때문에 맥보다는 엔비디아를 활용하는 것을 추천 드립니다. 온디바이스로 창작을 하는 데 도움이 되면 좋겠습니다.

생성형 인공지능은 스토리 아이템과 캐릭터, 플롯, 연출 아이디어만 있으면 누구나 영화를 만들 수 있는 시대를 열어주었습니다. 하지만 여전히 중요한 것이 있습니다. 생성형 인공지능 활용을 염두에 두기 전에 좋은 스토리 아이템을 찾는 것이 우선이라는 점입니다. 나만이 경험했지만 모두가 궁금해할 나의 이야기에서 아이템을 찾아 디벨롭해 두고 생성형 인공지능 활용법을 고민해야 합니다. 프리비즈 할 콘티를 가지고 생성형 인공지능 플랫폼을 검색하고 모델을 활용해 보면 효율적입니다. 유튜브만 검색해도 크리에이터인 여러분이 원하는 영상을 생성해 줄 최적의 플랫폼이나 디지털 도구를 소개해 줍니다. 매월 초와 말이면 버전업 된 모델이나 신규 플랫폼들이 쏟아집니다. 이전과 비교하여 놀라운 성능을 보여주는 경우가 대부분입니다. 그렇기 때문에 미리 검색해 둘 필요가 없습니다. 생성형 인공지능의 일상화는 콘텐츠 크리에이터들에게는 자신의 아이템으로 빠르게 OSMU 할 수 있는 기회의 장을 열어주고 있습니다. 숏폼은 이미 가능하지만, 중편 이상의 영화를 전편 인공지능으로 제작할 날이 머지않았습니다. 그전에 영화나 드라마 대본을 소설로 변환하여 원천 스토리 작가로 데뷔해 보는 것은 어떨까요? 이 책에서 소개한 툴과 전략들이 여러분의 창작 활동에 도움이 되면 좋겠습니다.

저자 일동